愛犬の健康を守る

飼い主のための

"犬の お手入れ" の 教科書

奥田香代 監修

メイツ出版

愛しているが伝わる本

『飼い主のための "犬のお手入れ" の教科書』をご購入いただきましてありがとうございます。

犬のしつけ教室や犬の幼稚園をしている時、おうちでグルーミングができない人のほとんどは最初に嫌なイメージをつけたからでした。
「無理やり」「押さえつけて」「痛い思いをさせる」

人間の世界ではこのような行動を絶滅させようとしているのに、犬には大人しく従えという乱暴な思いをぶつけるのはなぜでしょうか。

犬が好きだから飼っているという意識から、生活を共にするパートナーとして、愛犬と優しく楽しく触れ合っていくことで愛情ホルモン「オキシトシン」を高めて、もうワンランク上の愛情交換をしていくことも本書の目的の1つです。

犬の愛は無条件と言われますが、飼ってみると確かにそう感じます。では、おうちの愛犬は「うちの飼い主は無条件の愛だ」と思っているのでしょうか?

人と犬は共通の言語ではありません。愛していると思っていても、手（触覚）や声（聴覚）・行動（視覚）など非言語の部分で表さないと伝わりにくいものです。

本書は、飼い主の愛情が愛犬に伝わりやすいように愛犬のグルーミングと五感ケアについて書いてあります。
「優しく」「丁寧に」「脳を快に」

最初は「力が入る、うまくできない」と思っても、マッサージでも歯磨きでも褒め言葉でも、毎日5分ずつ3週間してみるとだんだんコツが掴めてきます。そして愛情が伝われば愛犬が態度で示してくれます。

今の愛犬への愛情にプラスして、更に「愛している」を伝えるためにこの本をたくさん使ってください。

第3章
愛犬の心身の健康を保つために
やってあげられること
〜スペシャルケア〜

第4章
毎日のお散歩・おやつ・遊びとおもちゃ
〜楽しく・安全に行うために〜

第1章

愛犬への毎日の健康管理
犬の基本を
知っておきましょう

犬と飼い主との信頼関係は
「飼い主の手で犬の体に触る」
ここからスタートします。

🐾

人の手が犬の体を触ると、
犬にはその人がどういう人か伝わります。
優しい人、乱暴な人、楽しそうな人、
怒っている人、穏やかな人、などなど。
これって私たち人間同士も感じ取れますよね。

犬たちは

非言語コミュニケーションで会話をしますから

人間よりも遥かに感じとる能力が優れています。

グルーミング・ドッグケアを始める前に

優しく触る練習をしましょう。

優しい人・安心できる人・安全な人と

認識してもらう最初の1歩は『触覚』です。

2 タッチング

愛犬を自分でグルーミングやマッサージなどのケアをするためには、飼い主が愛犬を「触る」ことからスタートします。

🐾 自分都合で愛犬を抱っこしようとして無理やり捕まえていませんか？

　愛犬が逃げようとするので脚や尻尾をとっさに捕まえたり、手に力が入って指が食い込んだりして愛犬が痛がっていませんか？

　このような犬の嫌がる・痛がる行動を飼い主が続けると、触られることや抱っこを嫌がるようになったり、避けようとして歯を当てたり噛むようになる可能性も出てきます。

　まずは体の各部位を優しく触ることから始めましょう。

　人間側からすれば「犬の体を触ることに慣れる」社会化です。

　犬側からすれば「人間から体に触られることに慣れる」社会化です。

　愛犬から好かれるだけではなく、絆を深めていきたいのなら、飼い主も同様に犬の体に触ることに慣らす社会化が必要です。

🐾 犬にも触られてもいい部位と触られると嫌な部位があります

・犬が触ることを許しやすい部位
　背中・腰・後頭部・首の後ろ側・肩・顎
・犬が触られるのを嫌がる部位
　耳先・マズル周辺・喉のあたり・足先・爪・鼠蹊部・膝・生殖器・肛門周り・尻尾の付け根

　触れない部位があると診察やサロンでも困りますし、シニア期にお世話ができなくて困る可能性もあります。また万が一、災害などで手放さなければならない状況になったとき、全身どこでも触れる犬は誰かに預かってもらえる可能性が高くなります。

🐾 タッチングの基本

　触られることは楽しいと意識づけをしていきます。一気に全身を触るのではなく、最初は触わることを許しやすい後頭部や背中などから行います。

🐾 おやつを使って慣らす方法

1 おやつをかじらせながら背中を指の腹で1
　回タッチします。おやつはドッグフード1粒
　の大きさです。（おやつはかじらせたまま）

➡おやつについてはP119

2 背中をタッチするときは優しく穏やかに褒め
　言葉をかけます。近い距離で大声を出さな
　いでくださいね。（おやつはかじらせたまま）

3 タッチし終わったら、褒め言葉をかけなが
　らかじらせていたおやつをあげます。（お利
　口・いい子・good、など）

➡褒め言葉についてはP112

4 最初は背中や腰で飼い主がタッチングする
　ことに慣れましょう。後頭部・首の後ろな
　ど体の外側もタッチしやすい部位です。

背中

頭

胸

脇

後肢

鼠蹊部

5 外側のタッチングに慣れてきたら、体の内側をします。

6 優しく触ることに慣れてきたら、体の中で一番敏感な先端部位をタッチングします。(耳先、マズル、足先、尻尾の先)

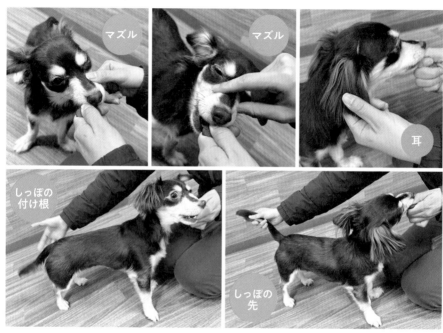

※写真に載っていない部位も同じようにタッチングをしてみてください。

🐾 体を触ることについては個体差があります

　子犬は初めての経験なので優しくゆっくり触ること、それを1つずつ積み重ねていくことで全身どこを触っても大丈夫な犬に育てられます。

　最初から何の抵抗もなく触らせてくれる犬がいる一方で、思春期以降になると爪切りや毛玉取りなどですでに痛い経験をしていたり、診察やトリミングで台に上がることなどが怖いと思った犬は、触られるのが嫌な部位が出来上がっている可能性もあります。そんな時はおやつを使って丁寧にタッチングをして慣らしていきます。

　年齢は関係なく、おうちに来た時からタッチングをして全身を触ることに慣らしていきましょう。

3 抱っこ

　タッチングがうまくできると抱っこもスムーズにできるようになります。もともと抱っこが平気という犬もいれば、抱っこ＝動けない・自由にならないという感覚から嫌がる犬もいます。

　抱っこを嫌がる理由には指先が食い込んで痛い、ケガや皮膚疾患があるけど飼い主が気づかずその部位を触っている、抱き方が不安定、今遊びたい、中には機嫌が悪いだけということもあります。

　愛犬側からも飼い主側からも腕の中で安定する抱っこをしましょう。

🐾 成功のポイント

・指先が体に食い込まないよう、
　手のひらと指の腹で支える
・犬が嫌がる部分は触らない
　（膝・股関節・大腿骨・足先など）
・抱っこしたまま怒らない、怒鳴らない
・リードは踏むと危険なので、飼い主の肩～首にかける
・時々褒め言葉など明るい言葉をかける

抱っこするとき

1 愛犬の脇に腕を回します。

2 もう片方の手でお尻を押さえます。

3 胸まで引き上げます。

4 片手で抱っこをする場合は、1〜3のあとに脇に回している手のひらをお尻まで持っていき、片手で脇とお尻をしっかりと支えます。

※尻尾は手で押さえつけないように、自由に動けるようにします。

※怖がりな犬やすでに抱っこが苦手になっている場合は、抱っこをする前と抱っこしてすぐにおやつをあげます。

🐾 抱っこから降ろすとき

抱っこの状態から愛犬の足が床に付くように降ろして、足が床についたら手を離します。

※投げ出さないよう、飛び降りないよう丁寧に降ろしてください。

　そんな面倒なことを…と思うかもしれ
ませんが、最初に丁寧に接することを
飼い主が覚えることで愛犬も飼い主に
対して信頼が生まれます。

　抱っこが苦手な傾向にある日本犬もタッチングから丁寧に進めると抱っこを楽しめるようになります。（写真は柴犬）

※抱っこは小型犬〜中型犬がメインですが、大型犬も動物病院やサロン、ドッグプール、シニアで寝たきりになってからのケアなど抱っこをする場面はありますから、持ち上げられなくてもハグなどで慣らしておく事をお勧めします。

　タッチングと抱っこができれば、ブラッシングやシャンプー、マッサージへスムーズに移行できます。

　触られることや抱っこされることが嫌でなければ、飼い主はもちろんのこと、トリマーも獣医師も動物ボランティアもみんなが触れる犬に育ちます。

4 日常のヘルスチェック

🐾 愛犬のいつもの様子を知っていることが一番重要

知っているからこそ愛犬の異変に気づけます。

例えば、歯茎の色はピンク色と言われても薄いピンクから濃いピンクもあり、部分的に薄い・黒ずんでいるなど個体差があります。年齢や運動前後でも変化する可能性はありますから「愛犬のいつもの落ち着いた状態」を把握していれば、診察時に愛犬の状態を正確に伝えられたり、緊急時に判断の目安になります。

おうちに来た時から、チェックすることに飼い主が慣れることで、愛犬がシニア期を迎える頃に自然とチェックできることが当たり前にしましょう。

🐾 チェックのポイント

まずは目・耳・鼻・口・皮膚・足先などチェックしてみましょう。

視点は、腫れ・できもの・抜け毛・分泌物・臭い・ケガ・熱です。

いつも無い部位にできている、いつもより臭う、多い、熱を持っているなど違いを見つけます。そして食欲・飲み水の量・排泄物(尿・便)もいつもより多いか少ないか、色や形などの違いを見つけます。

「日常の」と書きましたが、全てを毎日チェックするのは大変ですから、朝起きたら尿や便を、散歩の時に歩き方や、帰ったら足回りや被毛など、草むらに入ったときは目・鼻にケガがないか、グルーミングやマッサージの時に皮膚をチェックするなど、負担にならないように工夫しましょう。サロンや犬の幼稚園などで気づいて教えてくれる場合もありますが、まず飼い主が自分で気付けるよう愛犬の健康に意識を向けましょう。

🐾 皮膚

皮膚の異常や腫れ、皮膚病、切り傷擦り傷などのケガ、吹き出物、熱を持っているか、湿っているか、脂っぽい、フケが出ている、ハゲているか、麻痺、腫瘍、など

🐾 頭部

・歯：歯の汚れ具合、歯が欠けていないか、歯石の状態、歯肉炎
・口の中：歯茎の色、舌の色、舌の模様、唾液量、湿疹、

➡毛細血管再充填時間についてはP20バイタルチェックへ

・口臭：いつもの匂いと違うか
・鼻：形や皮膚の切れ具合、分泌物、程よく湿っているか、すり傷や鼻血
・目：炎症、分泌物、結膜の色、斜視、瞼の腫れ
・耳：耳垢、分泌物、炎症、臭い、耳ダニ、傷、腫れ、
　※垂れ耳の犬はチェックすることで耳を開いて風通しをよくします。
・頭：痛み、腫れ、打撲

🐾 胴

乳腺・リンパ節の腫れ、背骨の曲がり具合、お腹の張り

🐾 泌尿器・生殖器・肛門周り

汚れ、腫れ、分泌物、切れ、など

🐾 四肢

痛み、腫れ、熱、曲がり方、指の間のケガや腫れ、爪の不均等な消耗、肉球、四肢の筋肉の不均等（左右の足で比較）

🐾 歩様

歩くリズム、均等に地面に足がついているか、足の甲が地面についていないか

🐾 尿

色(薄い・濃い・赤みが混ざっている)、濁り、光っ
ている、出にくい、量

🐾 便

便秘、下痢、便に異物が混ざっている(赤や黒いもの・粘液など体内の物、寄生虫、
誤飲した物)

🐾 食欲

フードの量、フードの形状(ふやかす・大きさ・ドライ・ウェットなど年齢の変化)お
やつの量、好き嫌い、回数

🐾 メンタル

表情は元気がないか、目に覇気はあるか、ストレスサインが出ていないか。

➡P109ストレスサイン参照

「いつもの脈拍や呼吸」を知ることで「異常」は早く見つけられます。同じ犬でもお散歩や運動の前と後、年齢などで異なってきます。おうちケアのためにいつもの数値を知っておきましょう。

🐾 脈拍

動脈の振動を測ります。人間は手首の脈を測りますが、犬は大腿骨動脈（後肢の内側の付け根あたり）で測ります。

真ん中の指3本の指の腹で脈拍を感じる場所を探します。

脂肪が多いと計測しづらい傾向があります。

1分測った数値を目安とします。1分測るのが大変な場合は、20秒間の数値を測って3倍するなど、工夫しましょう。

1分間に60〜120回が正常な範囲と言われており、大型犬は回数が少なく、子犬は回数が多い傾向にあります。

🐾 呼吸

愛犬の胸（肺）の動きを観察し、「息を吸う＝胸が膨らむ・息を吐く＝胸がへこむ」の動作を1回として計測します。

立っていても座っていても目視で確認できるようにしましょう。

わかりにくい場合は手を肺が膨らむ位置に添えて伝わってくる上下の動きを数えましょう。

1分間に10〜30回が正常な範囲と言われており、大型犬は回数が少なく、小型犬は回数が多い傾向にあります。運動

など負荷をかけると数値は簡単に上がります。

🐾 口の中

　歯茎や舌の色は個体差があり、通常の色を把握していれば色が変わったことに気付けます。

　通常よりも白っぽい、青みがかっている、黒っぽい時は要注意です。

　毛細血管再充てん時間を測ります。毛細血管再充てん時間とは、歯茎を指で押すと、押した部分が色が白っぽく変わります。

　その押した部分が元の色に戻るまでの時間のことを言います。

　通常は1〜2秒で戻ります。時間がかかる場合は循環器系などの症状を抱えている可能性もあります。

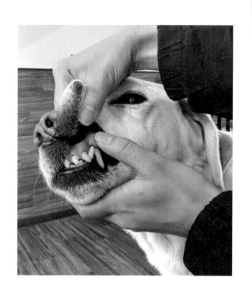

🐾 皮膚の弾力

　皮膚（張りのある部分）をつまみあげてパッと手を離します。すぐに戻らない場合は脱水状態を疑います。

　シニア犬や水分不足の犬にみられる状態です。若い犬は一瞬で戻ります。

五感ドッグケア

　五感を使っての愛犬とのコミュニケーションは2種類あります。

　飼い主の目で見て、触って、匂いを嗅いで、鳴き声を聞いてという愛犬の健康チェックのための五感…この場合味覚は無いですが、もう1つはアロマテラピー（嗅覚）・マッサージ（触覚）・ボディサイン（視覚）・褒める（聴覚）・おやつ（味覚）という飼い主から愛犬へのケアという五感です。

　どちらも大切な五感の使い方で、五感健康チェックは必須、五感ケアは必須ではなさそうに感じますが、この五感ケアをすることによっての愛犬と飼い主の信頼関係はしっかりした土台を築いていけます。

　愛犬へのアロマテラピーを毎日でなくても時々室内で香らせながら、ゆったりとマッサージをして、愛犬が体の動きで感情を伝えてきますから毎日受け止めて、褒めたりポジティブな言葉で穏やかな空間・楽しい空間を作ったり肯定したりして、時々おやつで強化したり肯定したり、一緒に美味しいものを食べることで楽しさを共有して、と

　これを愛犬が家に来た時から続ければどんなコに育つのかイメージしてみてください。

　号令に従うことも大切ですが、誰からも愛されるコに育てることが飼い主の最初のゴールです。（本当は義務ですと言いたいです）そうすれば手放すことも無くなり、災害時も誰かが預かって命を繋いでくれる、それを現実にしてくれます。

第2章

愛犬のためのお手入れ
～グルーミング～

グルーミングとは英語の Groom、「手入れする」という意味で、愛犬のからだを清潔に保ち、健康な状態を維持するために行います。
　また、日常のお手入れはきれいにするだけではなく、病気の予防や早期発見にも繋がります。

🐾 グルーミングのメリット

・皮膚トラブルなどの異常を早期発見
・健康維持
・信頼関係を築く
・触ることに慣れさせる
・人と一緒に暮らすための衛生面

🐾 意識

　清潔な身体を保つことは病気の予防にもなりますが、無理なお手入れは逆に愛犬のストレスになります。性格にもよりますが、犬は知らないモノや初めて見るモノに対して警戒心を抱きます。

　例えば、爪切りの場合、初めて見るモノ「爪切り」に対してこれが何なのかを理解できないまま、無理に押さえつけて爪を切ると「爪切りは嫌なモノ」と認識し、次回から爪切りを見ただけで逃げるようになります。

　お手入れで最も大切なことは、「徐々に慣らすこと」「頑張り過ぎないこと」です。

　焦らず、ゆっくりステップアップしていきます。

7 目やに拭き・シワ拭き、スヌード

🐾 目の周りを拭く

目やに・涙目やけなど目の周りについた汚れは
病気予防のためにも定期的にケアしましょう。

◆ 準備するもの

犬用または赤ちゃん用ウェットティッシュ、または
ガーゼやコットン

◆ 目の周りの拭き方

1　水で濡らしたコットンやウェットティッシュで毛の流れに沿って拭きます。

・目頭を拭く場合、上から下へ

・目の周りを拭く場合、目頭から目尻へ

2　固まった目やににはコットンをたっぷり濡らし、水分で浮かせてから取ります。

※目の周りの皮膚はとてもデリケートなので傷つけないよう力を入れず優しく行います。

🐾 しわを拭く

　顔にしわがある犬種はしわのお手入れも必要です。しわに汚れや埃が溜まると雑菌が繁殖してしまい、皮膚トラブルや悪臭の原因となるので定期的に拭いてあげましょう。

◆ 準備するもの

　犬用または赤ちゃん用ウェットティッシュ、またはガーゼ・コットン

◆ しわの拭き方

1 水またはぬるま湯で濡らしたコットンやウェットティッシュを指に巻いて、しわの間を
　優しく拭きます。

2　最後に乾いたガーゼなどで水分をきれいに拭き取ります。湿ったままにすると雑菌が繁殖してしまうので十分乾かします。

　　※強い力や必要以上の頻度で行うと皮膚を傷つけてしまって逆効果となる場合もありますので注意しましょう。

🐾 垂れ耳：スヌード

　ご飯を食べるとき、耳が長く垂れている犬はフードボウルに耳が付く可能性が高く、手作り食や生食・ウェットなご飯はもちろん、ドライのドッグフードでも商品によっては脂っこいものもあり、被毛に付いて放置すると毛玉や臭いの元になっていきます。スヌードなどで汚れを防止してあげたほうがいいでしょう。スヌードをすると固まってしまう愛犬は被毛を短めに切るなどの工夫をしましょう。

8 歯ブラシに慣らす

歯周病になると命に関わる病気に発展する場合もあります。愛犬の健康を維持するためにも定期的な歯磨き習慣をつけましょう。

歯ブラシでも平気な犬もいれば指でも無理という犬もいます。まずは愛犬に合う方法を「歯ブラシへの慣らし方」で探しましょう。また、飼い主側にも歯磨きしやすいやり方があります。長く続く歯磨きですから、愛犬の好みと飼い主のやりやすさとの落とし所を見つけましょう。

🐾 犬の世界に歯磨きはありません

歯磨きを成功させる第一歩は「歯に触る」に慣らすことです。行動を細分化して1つずつ慣らしていきます。

🐾 準備するもの

犬用歯ブラシ・ガーゼ・犬用歯磨きシートなど
犬用歯磨きペースト(歯ブラシ利用で必要であれば)

※歯ブラシを使うなら360度全周の歯ブラシは、角度を気にせず磨けるのでおすすめです。

🐾 歯ブラシに慣らす(社会化)

1 顔に触りながら口元も一緒に触ります。タッチングで慣らしておくとスムーズです。嫌がるようならタッチングで慣らしましょう。

2 唇を優しくめくって褒めます。嫌がる場合は、めくりながら褒めてそのすぐあとにおやつを1粒あげます。嫌がらないようになるまで唇をめくりながら褒めておやつをあげることを繰り返します。

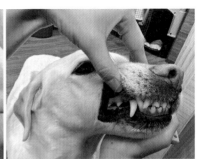

3 口先に指を入れて、優しくゆっくり歯にタッチします。歯に触ったら褒めます。嫌がるようならタッチングで慣らしましょう。

4 指にガーゼなどを巻き、歯を軽く優しくさすり、褒めます。最初は一瞬触る程度から始めます。

5 指やガーゼの代わりに歯ブラシを使います。指の代わりに歯ブラシで軽くタッチングをして褒めます。慣れるまで繰り返します。

🐾 歯磨きの仕方

1 最初は前歯や犬歯から始めます。

2 歯ブラシにペーストをつけ、歯と歯茎の境目に45度の角度で当てます。

3 「横方向」に少しずつ動かしながら力を入れずに優しく行います。

4 前歯や犬歯に慣れてきたら奥歯を磨きます。

5 1日で全ての歯を磨こうと思わず、少しずつ順番に行い、愛犬が疲れたり嫌やがる様子が見えたら続きは翌日にします。歯磨きを終えるときは必ず褒めて脳を快にしてから終えます。

🐾 成功のポイント

・優しくさわる
・決して焦らない
・頑張りすぎない
・無理矢理歯磨きをしない
・どうしてもできないなら、歯磨き以外の方法でデンタルケアをする：歯磨きトイ、歯磨きガム、飲み水に入れるタイプ、など

歯茎が赤かったり、腫れていたり、すでに歯周病が進行している可能性のある場合は、獣医師と相談してください。また、歯磨きで歯石を取ることはできません。歯石の処置についても獣医師と相談してください。

9 ブラッシング

🐾 ブラッシングの目的

ブラッシングは健康を維持する上で重要です。

・抜け毛を愛犬の体から取り除くことで、皮膚の衛生面を保つ
・ブラシに抜け毛がつくことで室内に被毛が散乱しないため、
　室内の衛生面を保つ（掃除も楽）
・被毛は短いほど鼻や口から吸い込みやすいため、人間や同居動物が吸い込まないため
・被毛が絡まって愛犬が痛い思いをしないため
・体を舐めた時に愛犬が抜け毛を飲み込まないため

ブラッシングは飼い主と愛犬のコミュニケーションの1つ
です。面倒と思わずに楽しみながらする工夫をしましょう。

おうちでブラッシングをする場合は、床・膝の上・台の
上など飼い主がブラッシングしやすく、愛犬が落ち着いて
いられる場所で行ってください。

🐾 ブラッシングは室内で行います

当たり前のマナーですが、公園やベランダで行えばブラッシングで取れた抜け毛が飛
んでいきます。隣や階下のベランダや庭に入ったり、公園であれば風に乗って飛んでいく
可能性もあります。街には動物アレルギーや動物にトラウマのある人も住んでいます。ブ
ラッシングは必ず窓を閉めた室内で行ってください。

🐾 ブラシに慣らす

まずはブラシに慣らすことから始めます。ブラシ＝痛く
ないと思ってもらうことが大切です。

台の上
＝楽しい・楽しい
　＝おやつ・撫でる
　（褒め言葉や笑顔）

1 台の上でブラッシングをする場合は、台の上に乗った
　時に褒め言葉をかけながらおやつをあげたり、撫でら
　れる事が好きなら撫でてあげたり、台の上にいると楽
　しい事があるとイメージを結びつけます。

2 使用するブラシを愛犬に見せます。見たら褒め言葉をかけながらおやつをあげます。数回繰り返します。写真のように自分から匂いを嗅ぎにきたり近寄ったらしっかり褒めておやつをあげます。

3 ブラシを見ても意識しなくなれば、ブラシでチョンと触ってみます。触ったら褒め言葉をかけながらおやつをあげます。数回繰り返し、部位を変えながら行います。
ブラシのピン側で触って驚く犬には、まずブラシの背で触るところから初めてください。

※最初は肩や背中など愛犬が普段触られても不快に感じない部位を選んで触ります。
※繰り返し行う場合、飼い主が行動に慣れてくると普段の自分が出てブラシの当て方がキツくなったりスピード感が出たりすることがよくあります。せっかく慣れてきたところで再び不快にならないよう最後まで優しく行ってください。
※「部位をブラシで触る＝褒める＝おやつ」を繰り返すことでブラシで触られることが楽しいと結びついていきます。

🐾 ブラッシングに慣らす

1 毛並みに沿ってゆっくりブラシを動
　かしながら褒めます。(最初はおやつ
　を使います)

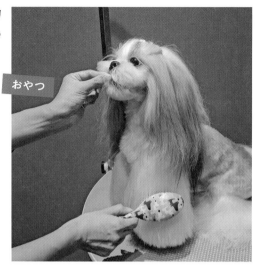

おやつ

2 犬がブラシに視線を向けたら一旦動きを止めます。
　不安・不快に感じている場合が多く、高い場所が怖い・被毛が引っ張られて痛い・ブ
　ラシの当たりが強いなど、思い当たる原因を解消していきます。

3 視線を外したら再度ブラシを当てて
　みます。特に反応がなければブラシ
　を動かしてみます。ブラシを動かし
　て受け入れていたならしっかり褒め
　ます。

※ブラッシングをしながら時々おやつを
　あげたり、両手が使えない場合は褒
　め言葉をかけたり優しく名前を呼ぶな
　どしてコミュニケーションを取りなが
　ら楽しく行うことが大切です。

ブラシの種類

◆ ピンブラシ：

　ゴムのクッションに金属のピンを植えたもの。主に長毛種のもつれを解いたり埃など
を取り除くために使用するがピンの長さがいくつかあるので愛犬の被毛の長さに合わせ
て使用。力を入れずに軽く持って動かす。

◆ スリッカー

　金属製の台に「く」の字型のピンを植えたもの。ソフトタイプとハードタイプあり、ピ
ン先が鋭く、強く使用すると皮膚が傷つき毛切れにもなりやすいため、おうちケアでは
ピンの先端に玉が付いたタイプをお勧め。ブラシ本体を角度をつけず皮膚に平行になる
ように使用。被毛のもつれ、抜け毛を取り除く目的で使用。特にダブルコートの換毛期
には抜け毛を除去してくれる。

　　余計な力が入らないよう握りしめずに動かす。使用前に自分の腕で力加減を確認する。

◆ 獣毛ブラシ

　馬、豚、いのししの毛がよく使用され、動物の種類とどの部分の毛で出来ているかにより、
硬さや長さが変わる。表面の抜け毛や埃などを取り除く。被毛に艶を出したい時に最適。

◆ ラバーブラシ

　ゴム素材のブラシでハンドタイプと手袋状になったグローブタイプがある。毛並みに沿っ
て軽く使用。短毛種の抜け毛に適していてツヤも出す。ただ、除毛効果が高いのでやり
過ぎると抜け毛だけでなく生えている被毛も抜いてしまう恐れがあるので注意が必要。マッ
サージ効果もあり。

◆ コーム

　金属製のクシで粗目と細目があり両方ついているものが定番。ブラッシング後に粗目
でもつれをほぐしたり抜け毛除去、細目で毛流を整える。もつれの引っかかりや抵抗を
感じたら無理に引っ張ったりせず、根元を押さえて少しずつほぐす。

🐾 嫌いにさせないブラッシング

　犬の被毛は上毛（オーバーコート）と下毛（アンダーコート）の2重構造（ダブルコート）の犬種と、上毛のみ（シングルコート）の犬種の2種類に分かれます。

　さらにロングコート、スムースコート、ワイヤーコート、シルキーコートなどのタイプがあります。

　被毛のタイプ別に説明していきます。

◆ 短毛種

スムースチワワ、ダックススムースヘア、パグ、フレンチブルドッグ、ジャック・ラッセル・テリアスムースコート、ラブラドール・レトリーバー など

使用ブラシ：コーム、ラバーブラシ、獣毛ブラシ

　粗目のコームから使用し、ある程度とけたら細目で仕上げます。シングルコートの犬種は皮膚が傷つきにくいラバーブラシがおすすめです。血行を促す場合はラバーブラシか獣毛ブラシを使用しマッサージをする感覚で行うと艶も出ます。

ラバーブラシ

◆ 中短毛種

ロングコートチワワ、ダックスロングヘア、ダックスワイヤーヘア、ジャック・ラッセル・テリアブロークンコート／ラフコート など

使用ブラシ：コーム、玉付スリッカー、獣毛ブラシ

　毛量が多い場合はスリッカーを使用する場合もあります。おうちケアでは皮膚が傷つきにくい玉付スリッカーの使用をおすすめします。

コーム

玉付スリッカー

◆ 中毛種

柴犬、コーギー、ハスキー など

使用ブラシ：コーム、玉付スリッカー、ラバーブラシ

ラバーブラシ

　ダブルコートで被毛が密集している犬種は換毛期にアンダーコートが生え変わります。愛犬が一回り小さくなるくらい抜けますから、換毛期はいつもより丁寧に行います。アンダーコートが浮いてきているものは指でつまんでも大丈夫ですが嫌がる犬もいますので注意してください。神経質な一面がある犬は刺激の少ないラバーブラシで行ってもいいでしょう。

玉付スリッカー

◆ 長毛種

マルチーズ、シーズー、プードル、ヨークシャーテリアなどのトリミング犬種、ポメラニアン、パピヨン、ボーダーコリー、ゴールデンレトリーバー など

使用ブラシ：コーム、玉付スリッカー

　ブラッシングを怠った被毛はもつれていたりカールしているので、それをほどくイメージで行います。こまめにブラッシングをしている場合でも一気に沢山とかすのではなく、少しずつスリッカーを入れてとかします。ある程度とかせたらコームを入れてみて櫛通りを確認します。抵抗を感じたらその部分に再度スリッカーを入れ、コームで確認を繰り返します。この時、毛先から徐々にブラッシングすると被毛を引っ張らずに行えます。

コーム

◆ フルコートの場合

使用ブラシ：コーム、玉付
スリッカー、ピンブラシ

　基本的には短くカット
している犬種と同様です
が、毛をかき分けて少し
ずつブラシを入れます。

※フルコートのマルチーズ、
　ヨークシャーテリアは仕
　上げに獣毛ブラシで整え
　てあげるときれいに仕上
　がります。

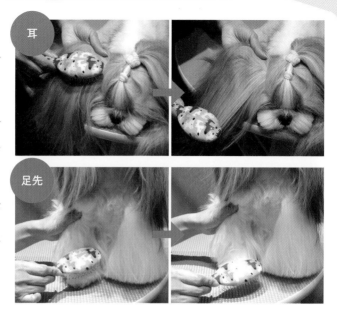

🐾 毛玉になってしまったら…

　毛玉の部分を持ち、毛先からスリッカー（玉のないもの）で少しずつほどきます。毛玉
をもう片方の手で持っているのでスリッカーは皮膚に当たらないはずです。ある程度ほ
ぐれたら玉付スリッカーに変えると皮膚に安心です。

　毛玉に気づかずシャンプーなど濡らしてしまうとさらに固まり、ほぐすのは困難です。
毛玉は皮膚が引っ張られ常に痛みが生じます。ほぐれない毛玉になった場合は安全のた
め飼い主は行わず、サロンで根元からバリカンを入れてリセットしてもらいましょう。お
うちでの対処は愛犬も飼い主も負担になります。

　そうならないためにもおうちでブラッシングを楽しくできる工夫をしましょう。

◆ 毛玉の出来やすい部分

耳の後ろ、脇、内股、首、足先、お尻、尾

　この部分を毛玉になる前にブラッシングをすることが望ましいですが、犬が嫌がる（苦
手な）部分でもあります。

　スタイルに影響の少ない脇、内股などは予め短くカットしておくのも良いでしょう。

　また、服を着用させる場合はお散歩の時のみにするなど着せっぱなしにしないように
しましょう。常に着用する場合はボディを短くするなどして予防しましょう。

🐾 春～夏

ノミ、ダニなど外部からの寄生虫も活発になるため寄生虫に注意しながらブラッシングします。

忌避効果のあるブラッシングスプレーも有効です。

🐾 紫外線対策

夏になると被毛を短くするサマーカットにする犬も多いと思いますが、地肌がみえるほどの短さは紫外線の影響が強く、被毛で皮膚を保護している面もありますからある程度の長さを保つ、散歩のときは洋服を着せるなど紫外線対策をしてあげましょう。

🐾 秋～冬

静電気・毛切れ・乾燥の予防には保湿効果のあるブラッシングスプレーは良いと思います。シャンプーのときに保湿をする場合はかけ流す、または入浴タイプがおすすめです。

※ブラッシングスプレーは添加物が使われていないものを選びましょう。耐熱効果のあるタイプはドライのときに使用するとドライヤーの熱から守ってくれます。

※この時期は動きが少なくなり血流が滞ったり筋肉が固まりがちなのでマッサージで血流を促すのもいいでしょう。

11 耳の表面を清潔に保つ方法

🐾 耳のお手入れ

　おうちケアでの耳のお手入れは耳掃除をする事ではなく、耳に異常がないかチェックすることを中心に行い、耳掃除は動物病院かトリミングサロンでしましょう。

　基本的にはチェックは週1回程度ですが、脂漏体質の犬種や耳に病気やケガがある場合は頻度が異なるので獣医師に確認してください。

　立ち耳の犬は通気性が良いので汚れにくい傾向がありますが、垂れ耳の犬は耳が蓋になってしまうので通気性を良くするためにこまめに開いてあげましょう。

◆ 準備するもの

コットンまたはガーゼ、犬用イヤークリーナー

◆ 方法

　お湯や耳専用のクリーナーを染み込ませたコットンやガーゼで目に見える範囲の汚れを優しく拭き取ります。

◆ 注意

・綿棒は耳の中を傷つけたり耳垢を奥に押し込んでしまい、トラブルの原因となるため使用しない方がいいでしょう。

・注入式のイヤークリーナーは獣医師の指導のもと使用します。

・耳垢が黒い、臭う、内耳・外耳が赤いなどの異常があった場合は必ず受診しましょう。

・耳に触られるのを極端に嫌がる場合、病気が隠れている可能性がありますので受診することをお勧めします。

　人と同様、犬の耳垢もカサカサ、しっとりなど個体差があります。何となくいつもと違うと判断できるように愛犬の健康な時の耳の状態を把握しておきましょう。

12 シャンプー

🐾 シャンプーの目的

　シャンプーの目的は皮膚と被毛の汚れを落とし、清潔にすることと、トリミングがしやすいように被毛を整えることと、皮膚の疾患がある犬のシャンプー療法（病気のケア）です。

🐾 水慣れ

　いきなりシャンプーする場所に連れて行ってお湯をかけたりすると、シャワーの音や場所、水に対して恐怖を感じ、シャンプー嫌いにさせてしまう可能性があります。

　おうちシャンプーを始める前に水慣れをしていきましょう。

🐾 社会化

1　愛犬が空の桶に入ったらおやつをあげて「桶の中にいても怖くない」ことを教えます。
2　桶の中に慣れてきたらお湯を少し入れてみます。たいていびっくりします。びっくりしたとき、表情に現れたり行動で示したり個体差があります。
3　水に慣れるためにおやつをかじらせます。少しずつかじりとらせることが重要です。おやつを食べない場合は、「今の愛犬のストレス度合い」と「おやつの美味しさ」が合っていないので、今あげているおやつより愛犬が喜ぶおやつ・好きなおやつに変更します。

おやつ

おやつ

4 お湯に足が浸かっても何も起こらない、平気なんだとわかるとおやつがなくても落ち着いていられます。

5 足首のお湯に慣れたら、お湯を足します。足首より上にお湯がくるのは初めてなので、不安にならないようにおやつをかじらせます。

6 慣れてくるとお湯の中で平気でいられます。

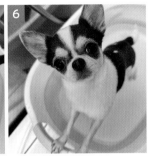

7 お湯を肩のあたりまで増やしてみます。これまでと同じようにおやつをかじらせて肩までお湯に浸かっても平気ということを教えていきます。「足首まで」「肘・膝まで」に慣れているとその延長線上で肩までのお湯にもスムーズに慣れていきます。

8 シャンプー・コンディショナーをするくらいのお湯の位置まで慣れれば準備OKです。

初めての体験の時は、この慣らす「社会化」をします。「桶の中」という場所やものを「犬との対面・人との対面・初めての場所」などに応用して社会化をします。

🐾 準備するもの

シャンプー、コンディショナー（リンス）

スポンジ 泡立ちが良いものが使いやすい

桶 または **洗面器**

ベビーバス 洗面台やお風呂の浴槽が使えない場合

すのこ 滑らないため。小型犬が足を挟まないように隙間が細いものがベスト

🐾 シャンプーをする

1　シャンプー前にブラッシングをしっかりして抜け毛を取り、毛玉をほぐしておきます。また、目やにや肛門周りに固まったうんちがついていたらそれも先に取りましょう。取れない場合はシャンプー中にふやかすと取りやすくなります。

2　桶にシャンプー剤を入れ、お湯で希釈してスポンジやシャワーで泡立てます。

3　シャンプーする場所で、体温と同じくらいのお湯を後ろから順番に後肢から顔へとしっかりとかけます。

※しっかりとお湯をかけることである程度の汚れを流すことができます。
※水温は季節や皮膚・健康状態など個体差によっても異なります。

4　顔を濡らす場合、シャワーから直接顔にかかるのを嫌がることが多いため、綺麗なスポンジにお湯を含ませて撫でるようにして当てます。

※頭を振った時に耳や鼻に水が入ってしまったり、目にシャワーの水圧が当たってしまうと危険なためスポンジの使用をお勧めします。

5　泡立てたシャンプー剤を全身に優しくかけて洗います。この時、ゴシゴシ擦ったり力を入れて洗うと皮膚を傷つける恐れがあります。泡で洗う感覚でシャンプーします。

※見えにくい場所も丁寧に洗いましょう。

※長毛種の場合はゴシゴシ洗うことでせっかくブラッシングした被毛がまたもつれることがあります。

6 最後に顔を洗います。4と同じよう
に洗います。顔はシャンプーの液
だれを防ぐため濃いめの泡が向い
ています。

※目に泡が入らないよう注意し
ます。万が一目に入ってしまっ
たらすぐに水で洗い流してく
ださい。異変があればすぐに
動物病院を受診します。

🐾 すすぎ

1 すすぐときは顔から後肢の順に、体温と同じ
くらいのお湯で洗い流します。

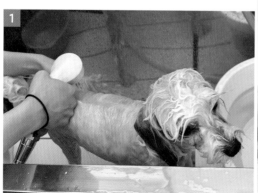

2 顔は耳や目・鼻に水が入ることを防ぐために、マズルを持って上に向け、手で耳を塞ぎながらすすいでいきます。スポンジでお湯を流しながら行うと安心してくれます。

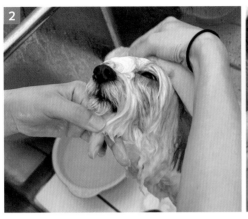
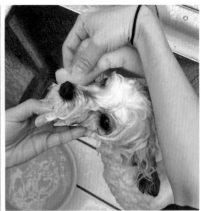

3 シャワーヘッドを体に近づけて流します。シャワーが苦手な犬の場合はシャワーヘッドにタオルを巻いて使います。

※すすいでみてベタベタしていたり汚れ落ちが不十分な感じがあれば再度シャンプーをします。愛犬への負担と飼い主の疲労も溜まるので、できるだけ1回で綺麗に落ちるよう意識してシャンプーすることをお勧めします。

🐾 コンディショナー（リンス）

しっかりすすいだら被毛を保護するため、好みでリンスやコンディショナーをします。

1 桶にコンディショナーを入れて、お湯で希釈して全身にかけます。（写真は入浴スタイル）

2 シャンプーのすすぎと同様に、すすぐ時は顔から後肢の順に体温と同じくらいのお湯で洗い流します。

※洗い残しのないように、足裏も忘れずに洗い流します。

🐾 成功のポイント

　シャンプーは愛犬にとってはかなりの負担がかかり
ます。体調が万全な時に行い、次のような場合は避
けましょう。

× 体調がすぐれない

× ケガをしている

× 皮膚の状態が悪い（獣医師に相談してください）

× 予防注射接種前後、手術前後
　（獣医師の指示に従う）

× ストレス過多

🐾 洗うタイミング

　目安は月1回が理想ですが愛犬の皮膚の状態によります。

　汚れや匂いが気になったら洗ってあげましょう。

　洗いすぎると皮膚のバリア機能が低下してしまう恐れがありますので、部分的に汚れた場合はその箇所だけ洗うなど愛犬への負担も考慮します。

　シャンプーの種類は様々あります。愛犬にあったシャンプー・コンディショナーを選びましょう。

　保湿ケアをする場合はコンディショナー前なのか後なのか、洗い流さないタイプ、ある程度すすぐタイプなど様々なものがありますから保湿剤の説明書通りに行ってください。

13 タオルドライ・ドライヤー

🐾 タオルドライ

◆ 準備するもの

・タオル、吸水性タオル（絞って繰り返し使用できるタオル）

1 被毛が傷まないようおさえるように水分を吸収させます。吸水性の高いタオルで何度か水分を吸水させると乾かす時間を短縮できます。

2 ゴシゴシ拭いてしまうと被毛がまた絡まってしまうため、水分をタオルに吸収させるというイメージで愛犬の体に優しく当てます。

🐾 ドライング

◆ 準備するもの

・ドライヤー
・ブラシ（ピンブラシ・玉付きスリッカー・コーム）

🐾 成功のポイント

・ドライヤーと愛犬との距離を十分に空け、使用する前にご自身の腕などに当てて熱くないか確認します。おうちケアではほとんどの場合ハンドドライヤーを使用することが多いと思いますが、気付かないうちに徐々に愛犬との距離が近くなることがありますので、ドライヤーの熱による低温やけどに注意が必要です。低温やけどはすぐに症状が出ないので十分注意してください。

・目に直接風が当たらないよう注意してください。

・部屋の温度や湿度に気を付け、低体温や熱中症にならないよう様子を見ながら行ってください。特に子犬、高齢犬、短頭種は熱中症に注意してください。

・耳に水が入った可能性がある場合、しっかりと頭を振らせて（ブルブルさせて）から耳の表面を拭き取りましょう。

🐾 ドライヤーの仕方

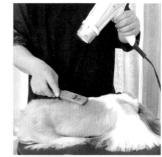

1 タオルドライである程度水分を減らしたあと、ドライヤーの風を当てて乾かしていきます。ブラシを入れながら乾かしていくとより早く乾きます。

2 乾かす部分にドライヤーの風を垂直に当て、ピンブラシで被毛をとかしながら毛並みに沿って素早く乾かします。

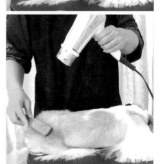

3 基本的にはあっちこっち乾かさず、まずはボディから順番に乾かしていくことをお勧めしますが、ブラッシング同様、できる部位からで構いません。愛犬が嫌がる・苦手な部位はあとにします。

4 基本的には熱ではなく風で乾かします。温風で乾かす場合は、熱がこもらないよう最後に全体に風を当てます。温度調整ができない場合は冷風で構いません。風量は愛犬が怖がったり嫌がったりするようであれば弱い風量から始めて、徐々に強めていきます。

5 顔を乾かす場合は、コームを使用します。目にドライヤーの風を当ててしまいそうな場合、おうちケアですから吸水性の良いタオルのみで乾かしてもいいでしょう。

🐾 乾かしにくい部位

顔・耳先・耳の裏・垂れ耳で隠れる部分・脇・足先・内股

被毛が少ない部分でもあり、体の内側は見えにくいので、暑さや刺激にとても敏感です。丁寧に行いましょう。

※グルーミングは様々な方法がありトリマーによっても違います。乾かし方は毛の流れに沿ってする方法・逆立てる方法、ドライヤーは1ヶ所に当てる方法・手首を上下左右に動かす方法、顔を乾かす時は吸水性のいいコットンを使う方法・使わない方法など、他にも様々な方法があると思います。おうちケアではシンプルなやりやすい方法で行いましょう。

14 爪切り

🐾 爪切り

　伸び過ぎた爪はケガや事故の原因になり、愛犬が痛い思いをし ます。例えば、爪が折れたり、絨毯などに引っかかって剥がれる、伸びていくと内側に変形しますから肉球に食い込んだり刺さったりもします。そうならないよう2週間に1回の目安でカットの時間を作りましょう。散歩を日課としている犬は自然と爪が削れるのでカットの

理想は爪が床につかない長さ

回数は少ない傾向がありますが、伸びていないか、異常がないかのチェックはしましょう。爪の伸び具合・削れ具合は個体差がありますが、狼爪（親指の爪）は削れないため定期的に切る必要があります。

　犬の爪には神経と血管が通っています。爪を切り過ぎると神経や血管を切るので出血をし、激しい痛みからトラウマとなることも多く、道具を見ただけで逃げる・威嚇のサインを出すこともあるため、最初は慎重に行うようにします。

　爪切りを嫌いにならないように、慣れるまでは1度に全ての爪を切ろうとせず1本ずつ始めます。慣れて平気になるまではおやつを用いても良いでしょう。

🐾 爪切りの道具

・爪切り

　爪を切る道具はギロチンタイプとニッパータイプがあります。ギロチンタイプが主流ですが、飼い主が使いやすい方を使用しましょう。大型犬や爪が伸び過ぎて巻いてしまいギロチン部分に爪が入らず切れない場合はニッパータイプを使用します。

・爪やすり

　ハードタイプ、ソフトタイプなど様々なものがあります。使いやすいものを選びましょう。

・止血剤（あると便利）

🐾 爪切りに慣らす

　爪切りなど「道具」に慣らすことも社会化と言います。社会化はおやつを使うと「爪切り＝おやつ＝美味しい＝嬉しい」という関連付けが成り立ちます。

　おやつを使わない場合、愛犬は爪切り道具を見てその道具に意識を集中してしまい、そのまま切ってしまうと爪切りの振動やバチンという音に驚いて怖いイメージを持つ可能性がありますが、おやつを使うと「かじっている行動」と「美味しい味」に意識が向くので「食べたい」意識が強ければ食べている間に爪切りは終わってしまい、怖くない・案外平気だと気づいていきます。

1　爪切り道具を見せておやつをあげて褒めます。

2　爪切り道具を爪に当てておやつをあげて褒めます。

3　1本だけ切り、大好きなおやつをあげて褒めます。一旦終了します。

4　翌日もう 1 本、1～3を繰り返して切ります。
　ここで重要なのは「翌日」です。決して最初から1本→2本→3本…と一気に切らないようにしてください。

5　慣れてきたら、1回に切る本数を増やしていきます。爪切りを嫌がったら1つ前の工程に戻ってやり直します。

※最終的にごほうび「おやつ」がなくても嫌がらずに爪を切らせてくれるようにしていきます。嫌がらずに爪を切らせてくれるようになっても、たまに爪切りの時におやつをあげましょう。

14 爪切り

🐾 爪切りを嫌なイメージで終わらせないことが重要です

　例えば、愛犬が爪切りから逃れたくて歯を当てたとします。ここで止めてしまうと、嫌なことがあったら歯を当てると止めてもらえると学習します。

　嫌がったら、今嫌がった工程の1つ前の工程に戻して、おやつをかじらせながら爪切りを良いイメージで終わらせるようしてください。

🐾 切り方

◆ 黒い爪の場合

1　爪の先を直角に切ります。血管が見えないので少しずつ切っていきます。

2　爪の断面の色が薄くなり白っぽくツヤが現れてきたら切るのを止めます。

3　切った断面の角を爪切りかヤスリで丸く仕上げます。

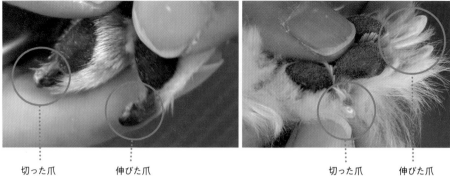

切った爪　　　伸びた爪　　　　　　　　　切った爪　　　伸びた爪

◆ 白い爪の場合

1　血管が透けて見えるので血管
　の少し手前までを切ります。
　(血管ギリギリだと出血しなく
　ても痛みを感じ、散歩で削れ
　て出血しやすいので切りすぎ
　に注意します)

2　切った断面の角を爪切りかヤ
　スリで丸く仕上げます。

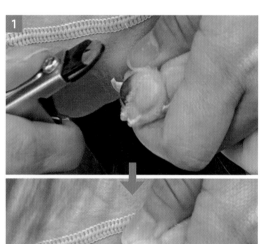

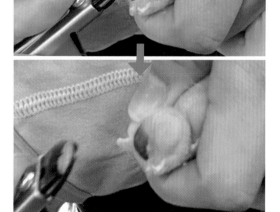

🐾 止血の仕方

　万が一、切り過ぎて出血したらコットンなどで出血部分を圧迫します。（通常はこれで止まります）

　深爪をしてしまい、上記では止まらない場合は「止血剤」を使用します。

※止血剤は大量に出血している箇所に使用しても止血することはできません。 大量に出血したまま使用するのではなく、まず、出血している血をコットンなどで拭き取ってから使用します。

1　出血をコットンなどで拭き取ります。

2　止血剤を指に付け、傷口（出血箇所）を押さえるように塗布します。通常であれば数秒で止血できます。

※止血剤を使用後すぐ濡らしたり、散歩へ行くと再度出血する場合があるので注意してください。
※止血剤を使用しても止まらない場合はすぐに動物病院を受診してください。

　爪切りに限らず、グルーミングは面倒に感じてしまいますが根気よく慣らしていけば愛犬も飼い主もハッピーな生活が送れます。人間と暮らすには犬のお手入れは生涯必要です。最初にお手入れ方法を誤ってしまうと一生グルーミングが苦痛になってしまいます。何度も述べますが、決して無理に行わず、焦らず頑張り過ぎず続けていきましょう。

15 肛門絞り

🐾 愛犬が不快を感じるなら取り除く

　犬には肛門の左右に臭いのある分泌物をためる肛門腺（肛門のう）という臭腺があります。通常は排泄時や興奮した際に圧迫され排出されますが、何かの原因で自然に排出されず、肛門腺に溜まったままになると炎症がおこることもあります。愛犬が気にするようなら不快を取り除く意味でも分泌液を排出します。難しいと感じる場合は動物病院やトリミングサロンでお願いしましょう。

※小型犬や肥満犬、高齢犬は自然に排出されにくいと言われていますので、もともと排出しやすい犬でも体重が増えてきたり、年齢が上がったら体質の変化を確認してください。

🐾 出し方

1 尻尾を持ち上げ、肛門腺がある部分（肛門を時計に見立てると8時20分の位置）を確認して肛門腺の下に親指と人差し指を置きます。
　※少しぷくっと膨らんでいる感触があります。

2 下から上にギュッと押し上げます。

3 出たら肛門周りを綺麗に洗い流します。

要注意！

- 勢いよく飛び出ることも多いため、覗き込みながら行うと顔や頭にかかりますので、ティッシュやタオルなどでガードすることをおすすめします。
- 強烈な臭いです。換気のできるところで行うのがベストです。
- シャンプーの前に行うと分泌物も一緒に洗い流せます。
- 分泌物の硬さや色は個体差があり、水のようにサラサラしたもの・ドロドロしたもの・硬いものなど犬種問わず様々です。
- 慣れてくると肛門腺を触った感触でたまっているかどうかがわかるようになります。

　肛門腺から出る分泌物は犬ごとに異なる臭いがします。犬たちはこの臭いを嗅ぎ合って相手を認識します。

　この行動はとても大事で、犬はその習性通り私たち人間のお尻の匂いも嗅ぎにきます。犬は臭いを嗅いだら気がすんでスッと離れます。

16 セルフカット

🐾 目の周り

　目の上の毛が伸びる犬は全身の被毛も伸びるため、ほとんどの場合定期的にトリミングサロンへ行くと思いますが、サロンへ行くまでの間に伸びて目に毛が入るなど気になる場合は自宅でカットしてあげてもよいでしょう。刃物を扱うため十分注意して行いましょう。

◆ 準備するもの

コーム、ハサミ

◆ 方法

1　前髪をコームでとかします。

2　ハサミを顔と平行にしてカットします。（決して刃先を顔側に向けない）カットする場所で刃を開きます。

刃先を閉じて当てる　　　　　　刃先を開いてカット

🐾 お尻周り

　排泄物が付くなど汚れが気になる場合
は肛門周りの毛をカットしてあげてもよい
でしょう。

◆ 準備するもの

コーム、ハサミ

◆ 方法

好みの長さでカットします。

決して刃先を体側に向けないでください。カットする場所で刃を開きます。

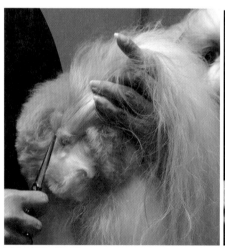

刃先を閉じて当てる

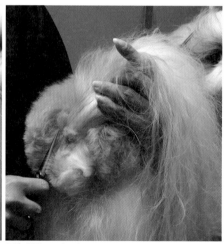

刃先を開いてカット

※見た目よりも排泄物がつかないよう短くしたりバリカンで剃ることを好む飼い主もいれば、あ
　る程度の可愛さも必要とする飼い主もいます。また、ロングの被毛でも排泄物が付きにくい犬
　もいれば短い被毛でも排泄物が付きやすい犬もいます。毛量・毛の流れにもよりますので、
　個体差と好みを合わせた長さを考えてカットしてください。

🐾 足裏

肉球から出ている被毛だけをカット・肉球の間の被毛もある程度カット・ある程度ではなくツルツルにカットするなど様々なカットの仕方があり、トリマーによっても推奨は分かれます。肉球が地面に接する部分は歩行で強くなりますが、内側の皮膚は柔らかく刺激で皮膚トラブルを起こす犬もいます。おうちケアでは肉球から出ている被毛をカットし、中まできれいにカットする場合はトリマーにお願いしましょう。

肉球は滑らないようストッパーの役割もありますから、伸びてきたら必ずカットします。被毛が伸びない犬種も肉球の被毛は伸びます。伸び方は個体差がありますので愛犬に合わせてカットしましょう。

◆ 準備するもの

ミニバリカン

◆ 方法

肉球から出ている被毛だけをミニバリカンで刈ります。

※ミニバサミを使用する場合肉球を切らないよう十分注意してください。バリカンも定期的にメンテナンスしてケガを防ぎましょう。

※セルフカットは十分注意が必要な作業のため、できればプロに任せることをおすすめします。

17 子犬のお手入れ

🐾 子犬のお手入れの目的

子犬のお手入れの目的は、お手入れの様々な初めての出来事に嫌な印象・怖い気持ちを持たないよう、優しいレベルの刺激から経験して、楽しく・安心できるように慣らすことです。

子犬を迎え入れると、飼い主はグルーミングに関しても頑張ろうと気合を入れてがちですが、無理やりにならないよう、焦らず ゆっくりゆっくり愛犬の性格をふまえながらステップアップしていきます。

🐾 汚れを洗う

この頃は自分の排泄物を踏んでしまったり、食べ物をこぼしたり、何かと汚れます。汚れた部分は洗うか、ぬるま湯で濡らしたタオル・ウェットティッシュで拭いてあげましょう。

🐾 乾かす

乾かす時はドライヤーの音や風を嫌がるかもしれません。嫌がる場合は無理にドライヤーをする必要はありません。タオルドライをして、ドライヤーには社会化で慣らします。

🐾 ブラッシング

ブラッシングも最初から一生懸命やるのではなく、まずは「体に何かが触れる」という刺激を体験して慣れていくことを積み重ねます。ブラシを見せたり体に当ててみるとおそらく噛んだり じゃれたりしてくると思います。

ブラシで遊ばれると困りますから、ブラシに変わる遊んでいいおもちゃをあげて遊んでいる間にブラッシングをしましょう。

※ブラシを噛んでしまうと口の中をピンでケガをしたり外れて飲み込んでしまったり危険も伴います。

🐾 トリミングサロン

早い段階で1度サロンに連れていくことをお勧めします。犬の一生を考えると、実は子犬の頃にサロンでのお手入れを平気にしておくとおうちケアも楽になります。

爪切りやシャンプーなど、最初に嫌な経験をしてしまうと一生グルーミングが苦痛になってしまいます。子犬の頃に何度か通い、プロに優しく慣らしてもらってください。

サロン選びもとても大切で、無理やり押さえつけてトリミングをするお店ではなく、犬のボディサインを見て無理をさせない、社会化の仕方を知っているトリマーを選びましょう。

🐾 順番が逆

ずっとおうちでお手入れをしていて、ある日何らかの理由でお手入れを嫌がるようになり、ある程度の年齢になってからサロンデビューする犬もいます。年齢が上がってから初めてサロンに行くと慣れるのに時間がかかったり、慣れることなくサロンでもトリミングが難しい状況になることがよくあります。

それは順番が逆で、子犬の頃にサロンで慣らしてからおうちでグルーミングすることをお勧めします。そうするとおうちで難しくなってもサロンでできます。逆も同じで、もう高齢だからおうちでやってあげようとサロンを辞めても無理なくおうちでできる可能性があります。

特に長毛種は生涯お手入れが必要になります。シニアになってからのケアのことを考え、子犬の頃から様々なお手入れ・ケアを経験させてあげましょう。

愛犬と五感とオキシトシン

オキシトシンoxytocin＝愛情ホルモン・ハッピーホルモン・幸福ホルモンと呼ばれています。

ここ数年はテレビでもよく取り上げられていて、

・犬と目が合うとオキシトシンという幸福ホルモンが分泌
・犬と歩くと愛情ホルモン「オキシトシン」が分泌
・触れ合うことで「オキシトシン」が増える

というテロップがサラッと出てくることがあります。

オキシトシンを高めるには

・アロマテラピーの心地よい嗅覚刺激
・ハグや優しく触れる、マッサージの心地よい触覚刺激
・笑顔や好きな物、愛する人・犬を見る心地よい視覚刺激
・大好きな人の声や音楽、褒め言葉など心地よい聴覚刺激
・美味しいもの・大好きなものを食べる心地よい味覚刺激

この5つの感覚が重要で、さらにそれらを複合することでより高まりやすくなります。

これら五感の刺激はそれほど難しいものではありません。愛犬と日常でできる範囲ですし、食べ物とアロマテラピーは多少費用がかかりますが、他はかかりません。

この五感の刺激で愛犬・飼い主共に双方が高められ、愛情が深まります。幸福感を感じていると、雰囲気やオーラに幸福感が映し出されていきます。

ちょっとした意識と行動で、人生に変化が起こります。

第3章

愛犬の心身の
健康を保つために
やってあげられること
～スペシャルケア～

1. ドッグマッサージとは

ドッグマッサージは、愛犬と飼い主がより深い信頼をつくる方法の 1つです。信頼を深めていくことで「飼い主と一緒にいると安心できる (だから不安を感じにくくなる)」と感じた犬はやたらと吠えたり噛んだりする必要がなくなりますから共生しやすい犬に成長します。また、毎日愛犬の体を触ることで病気やケガの早期発見に繋がります。

人も犬も年齢によってマッサージの意味が変わります

🐾 犬のライフステージ

◆ 子犬時代：生まれてから5〜6ヶ月

人の手は優しい、触られると嬉しい、この人が大好きと人間を信頼していくためにもマッサージを行います。家族全員、そして家に来た人や、子犬を連れて出かけた先の人たち(散歩も始まれば散歩で会う人)にも優しく触ってもらうことで「人は怖くない」と学んでいきます。誰が触っても抱っこしても大丈夫な犬は誰からも愛され、診療もトリミングもしやすい犬に育ちます。人への社会化の第一歩です。

◆ 思春期：生後半年から1歳まで

体も大きくなり、体力もつき、内臓もしっかり成長して大人に移行する時期は、心も変化をしていきます。人間はまだまだ可愛い子犬の延長線とみますが、犬同士では大人としてみるようになるので他犬からの態度が変わってきます。心身の変化や環境の変化を受

け入れ、穏やかでいられるようにマッサージをします。またマッサージを積むことで人との信頼関係を深くしていきます。

※この時期に避妊去勢をする犬が多いですが、手術予定日の1週間くらい前から毎日優しくマッサージをします。手術後も優しい言葉をかけながら、患部を触らないように、心身ともに癒すようにマッサージをして、体の変化やホルモンバランスを整える手助けをしましょう。

◆ 成犬の前半：1歳から3歳くらい

　体の成長も止まり、大人になって一番エネルギーが充満している時です。活発な犬もおとなしい犬も「その犬なりの活発さと穏やかな面」とを併せ持っていてそのバランスがその犬の個性となります。活発な時には心を落ち着けてあげるようにマッサージし、筋肉を使ったあとは体の疲れを癒して回復するようにマッサージし、あまり動いていなかった時は体全体の流れが滞らないように流してあげるようにマッサージをします。

◆ 成犬の後半：3歳くらいから6〜8歳くらい

　活発な犬も落ち着きが出てきて飼い主も少し楽に感じられる時期です。時間の流れとともに確実にシニアに向かっています。マッサージをするときに体に変化が起きていないか、手で感じるようにしてください。今までより、皮膚がカサつく・湿っぽい・腫れている・硬くなっている・柔らかくてフニャフニャしている、鼠径部や膝に手がいくと嫌がる、耳に手がい

きそうになると避ける、筋肉の張りが変わってきているなど、体の変化を知るためのマッサージをします。

◆ **シニア期：6～8歳くらいから**

犬種により違いはありますが、早くても遅くてもこのくらいからシニア対策が必要となる時期です。犬種による寿命の違いはありますが、その年齢に近づくほど体の各部位の衰え、体の痛み、動きも鈍くなったり、痴呆も出てくる場合もあります。飼い主も心配ですが、愛犬自身が一番不安を抱える時期です。特に今までできていたこと（排泄や散歩、伏せから立ち上がる、見えにくくなるなど）ができなくなってくると、気力を無くしたり、逆にイライラする犬もいますから、リラクゼーションのためのマッサージを中心に行います。

◆ **亡くなる時**

飼い主にとって大変辛い出来事ですが、シニアで大往生でも若くして病気や事故でも、亡くなることは必ず起こる事実です。

もし亡くなることがわかっていれば、その前から一緒に過ごした日々に感謝の意味を込めてマッサージをしましょう。また、愛犬が楽に最期を迎えてくれるように、できる範囲でいいのでマッサージをしましょう。笑顔にはなれないかもしれませんができる限り笑顔でマッサージをして愛犬に安心できる空間を作りましょう。亡くなった時もできるだけ感謝の意味を込めてマッサージをしましょう。

辛く悲しいですがマッサージをすることで、愛犬を亡くしたことに対する飼い主の気持ちの負担が減少されるように感じます。

👣 人間のライフステージ

◆ 幼少期〜思春期

　ペットと暮らすことは、（動物アレルギーがなければ）子どもの心を育てることにとても役立つと言われています。特に犬は感情表現が動物の中でもわかりやすく、寄り添ってくれることを得意としますから、悲しいことがあった時も静かに寄り添ってくれる心強い仲間として存在します。その時に子どもの手で愛犬に触れる・優しくマッサージをすることは子どもの心を安定させてくれるでしょう。

◆ 成人〜中年期

　進学、就職、結婚、出産、子育て、子どもの独立、キャリアの確立、起業などたくさんの変化があります。これ以外にも環境変化もあると思います。良い変化も望まない変化も変化にはストレスが関わってきますから、愛犬がいるだけでも安らぎますが、マッサージで温かい体に触れること、マッサージをするたびに信頼して体を預けてくれる愛犬に心がやすらぎ、穏やかな気持ちに戻れます。重要なアイテムの1つがマッサージです。

◆ 更年期

　年齢が上がると人間も体の不調やこれまでのストレスからくるメンタルの不調など起こり始める人もでてきます。この時期に愛犬がいると「犬のお世話」＝散歩に行ったりご飯を用意したりすることで太陽にあたったり体を動かしたりするため自律神経に良い影響を与えてくれます。そこで感謝の気持ちを込めて愛犬をマッサージすることで相互に愛情交換ができて飼い主自身が満たされ、情緒が安定する傾向があります。

◆ シニア期

　体がうまく動かない、動くのが億劫、体の節々が痛いなど、心身の不調が増えてきたりしますが、状況が許すなら、できるだけペットと暮らすほうが生活の質が向上すると言われています。自分を必要としてくれるペット、特に犬は人間にわかりやすく寄り添ってくれたり、表情が読み取りやすかった

りします。自分に応えてくれる愛犬のために頑張ろうとお世話の内容を考え、行動をしますから脳も活性化します。また、マッサージすること自体が指・手・腕を動かし、笑顔を向ければ表情筋も、優しい声をかければ話すという行動にも繋がります。

　マッサージをして安らぐ・スヤスヤ寝てくれる愛犬の姿を見て飼い主も穏やかな気持ちになったり安らいだ空間に包まれ、メンタル面にも良い影響を促してくれます。

　これらライフステージによる意識は、マッサージをする時に「愛犬への意識・自分への意識」をするだけでもマッサージの質が変わってきますから、意識をしてマッサージしましょう。

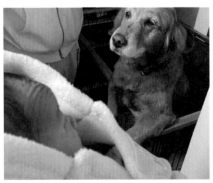 

🐾 痛み＝不快、優しい＝快

　人間はマッサージを受けるとき「この痛みが体を楽にする」と思うと我慢できますが、犬は痛い＝不快、優しい＝快と感じるため、他者から、外側から受ける痛みを攻撃と捉えることもあり、痛みから逃れるために「歯を当てたり」「吠えたり」することがあります。揉んだり叩いたり押したりして、体が痛い・苦しいと脳が危険を感じたら、体はそれ以上の力で自分の体をガードして固くします。優しい刺激は、脳に安心を与え、体は緊張を解いていきます。

　マッサージは世界中にいくつもの方法・手技があります。セラピストやプロが犬にマッサージするときはどの方法も実績があると思いますが、飼い主が愛犬にマッサージをするときは、不快を与えないよう優しい刺激で脳を快にするようコミュニケーションマッサージSASURUをしましょう。

2.　コミュニケーションマッサージ SASURU

コミュニケーションマッサージ SASURU の理論

🐾 犬は舌、人は手

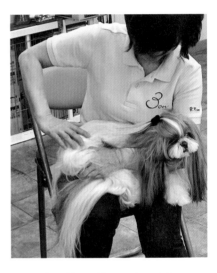

　犬は舌を使って子犬や仲間をグルーミングしたり 愛情を表現します。人は手を使います。飼い主が 愛犬に行うコミュニケーションマッサージは母犬になったつもりで手で「優しい刺激」を心がけることが重要です。実際にやってみると簡単すぎて拍子抜けするかもしれません。でも力をかけないって実は難しいことなんです。特に大型犬の場合は大きいから大丈夫だろうと無意識に手の使い方が雑になる傾向があります。小型犬でも優しく触っているつもりがファーストタッチ＝最初にボディに触れる瞬間に「ドン」と当てていることがあります。手の

重みがかかって案外強い圧になっていることもあります。犬の体に圧をかけないようにそっと触ってスーッと SASU る、これを意識して練習しましょう。

🐾 骨格ケアも SASURU

　例えば、散歩で愛犬が急に走り出した時に飼い主が慌ててリードを止めると、首輪の場合、首輪から愛犬の首にガツンと衝撃が加わります。ハーネスの場合は肋骨に衝撃が加わります。この衝撃が積み重なると骨格に影響を与えます。

　ソファや段差から飛び降りて足首や膝に負担をかけ続けることも骨格に影響を与えます。

　姿勢や動作は日々の行動から変化します。習慣化された動作はなかなか元に戻すことはできません。痛みをかばう姿勢や動作が体や脳に記憶されこの影響が全身の歪みへつながりバランスを崩していきますので、体に負荷をかけた時はその日のうちに SASURU をして筋肉骨格を緩めてあげましょう。思い立ったら SASU るというより「毎日の習慣」にすることにより日常のケアとして SASURU をしましょう。

🐾 コミュニケーションマッサージSASURUの基本

1 手の力を抜いて「お化けの手」のポーズをして、
   指全体をだらんとします。

2 柔らかな筆をイメージして、指の腹を使って、
   優しく・流れるように・なめらかに、被毛に沿っ
   てSASUります。

3 愛犬に感謝の言葉をかけながらSASUります。

　SASURUは、床の上、ソファーの上、膝の上、小型犬なら抱っこしながらなど、愛
犬と飼い主がリラックスできる場所ならどこででもできます。
　愛犬の大きさやSASUる部位によって、また飼い主の位置によっては手のひらでの
SASURUが大変な場合があります。愛犬のリラックス度と飼い主のSASUりやすいの
を1番に考え、「手のひら」「手の甲」を使い分けていきましょう。

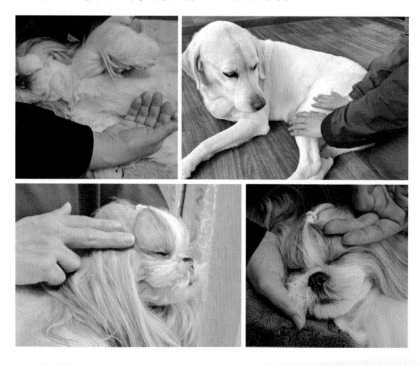

🐾 首～背中～腰

　背骨の凹凸に注意しながら皮膚に圧をかけないようにゆっくり行います。からだの中でも大きな部位になりますから手の力加減（圧をかけない）に慣れるまでは首、背中、腰と分けて行い、最終的にはできるだけ長いライン（首～腰）でSASUれるようになりましょう。他の部位は関節があったり角度があったり柔らかい部位もありますから、首から腰までのこのラインで『圧をかけない手の動き』を覚えましょう。首は特に散歩の時に首輪で圧がかかりやすい部位ですから意識してSASUってください。

　体の側面も同様にSASUってみましょう。愛犬は寝転んだり座ったり抱っこされていたり様々な姿勢を取りますから、その姿勢に合わせてSASUります。SASUるために愛犬の姿勢を無理に変えてリラクゼーションの妨げをしないようにしてくださいね。

肩　　背中　　腰

🐾 腰～尻尾

　尻尾は付け根から先まで真っ直ぐなイメージですが、何かの理由により、曲がっている犬も意外と多くいます。触られると怒る犬もいるほど敏感な部位ですから、優しく丁寧に行います。

　両手でしっぽを包み込むように、根本から先に向けて、凹凸に注意してやさしくSASUります。

　片手の場合は尻尾だけではなく腰から続けて優しくスーッとぬけるように行いましょう。この時、尻尾の上からでも下からでも横からでも犬がリラクゼーションを感じるならどこ

からでもOKですが、尻尾の向きや毛の流れに沿ってSASUります。尻尾の先にもまだ尻尾があるかのようにSASUりましょう。

腰

お尻

尻尾

🐾 肩〜前肢

　肩から足の付け根＝脇も含みながら足先までスーッとSASUっていきます。脇はゴリゴリ押したくなりますが、優しくSASUります。　SASURUを受けている体勢にもよりますが凹凸している部位に圧力がかからないよう注意します。小型犬の場合は、中指を中心に指2〜3本で行うとSASUりやすくなります。超小型犬の場合は指1本でもいいでしょう。

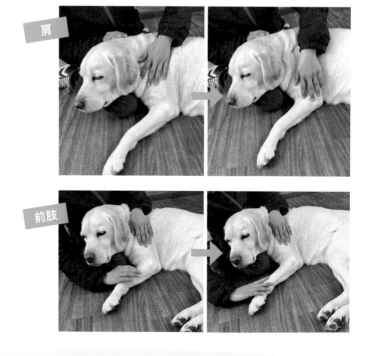
肩

前肢

🐾 腰〜後肢

　外側はお尻〜骨盤〜足先へ、内側は股関節〜内腿を通り足先に向かってSASUります。
　後肢は股関節や膝蓋骨に異常があって触られることに敏感な犬や怒る犬もいます。また足先も爪切りに嫌な記憶があると足を引っ込めたり嫌がる犬もいますから無理にするのはやめましょう。外側から始めて、圧をかけず凹凸に注意してゆっくり優しくSASUります。内側も同じようにしてみましょう。もし内側に手がいくと起こる場合は、P10のタッチングから練習を始めて、SASURUに繋げてください。

後肢

🐾 胸〜お腹

　胸からお腹に向けて、長いラインでSASUるのがベストですが、慣れないうちは胸・お腹と分けてSASUります。体の内側は弱い部分です。犬によっては絶対に触らせてくれない場合もあるくらい敏感ですから触れない場合は無理をせず、P10のタッチングから練習を始めて、SASURUに繋げてください。とにかく優しく圧をかけずに、指を押し付けないように注意しながら行います。気持ちがいいと自分から仰向けになってくれます。

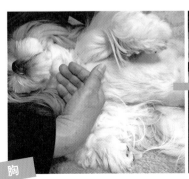
胸

お腹

🐾 耳

　耳は敏感な部位ですがリラックスのポイントでもあります。耳を触られて怒る犬の場合はタッチング〜マッサージで触られることに慣らせばグルーミングや診察もしやすくなります。

　耳の根元から耳先に向かってゆっくりさすります。

　立ち耳の犬は耳を引っ張らないでください。外側の毛の流れに沿ってSASUります。内側は凸凹がありますから無理をせず、全体的に優しくSASUります。

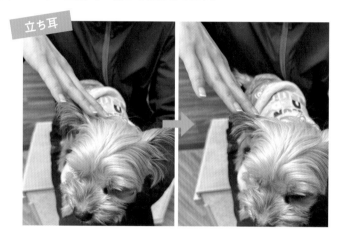

　垂れ耳の犬は外側をするとき、耳を頭に押し付けないようにします。内側は耳をめくりすぎて痛みを与えないよう気遣ってSASUります。

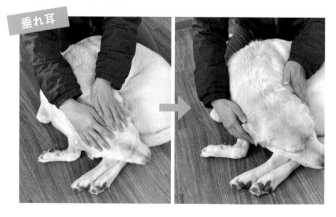

顔

　額や顎は比較的マッサージしやすいですが、マズルや口まわりは嫌がったり怒る犬もいますから慎重に行います。嫌がる場合は無理をせず、P10のタッチングから始めます。

1　どの部位も被毛の流れに沿ってSASUります。

2　よく吠える犬は口角から頬にかけてリラックスを誘うように優しくSASUります。

3　マズルは大型犬でも小さい部位なので数本の指の腹で、圧をかけないようにSASUってください。小型犬はマズルが小さいので鼻や目に指が触れないよう気をつけて行います。短頭種（鼻の短い犬）もマズルが短いため鼻や目に指が触れないよう気をつけます。

4　目の周りも優しく優しく圧がかからないようにSASUります。指が目に入らないよう、まつ毛を目に入れないように注意深く行います。

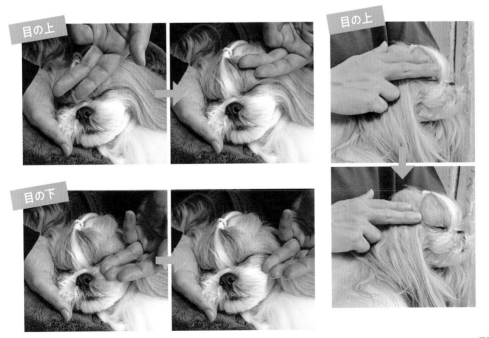

目

口

額

頬

🐾 長いストローク

　SASURUことに慣れてきたら、頭からお尻まで（尻尾まで）・首から鼠蹊部までなど、長いストロークが可能な愛犬はしてみましょう。

　ペットの体はとてもデリケートです。その日のメンタルや体調にも波がありますので、嫌がる時は無理に行うのはやめましょう。ペットも人も楽しみながら病気予防・健康維持・愛情表現に「SASURU」を活用してください。

自分でできることとプロにお願いすること

　カット犬種の愛犬のためにトリミングを習いに行ってカットも含めたおうちケア全てをしている人もいれば、カット犬種じゃないけど自分するのは大変だから、私がすると愛犬が嫌がるからとプロにお任せする人もいます。

　愛犬との信頼関係の築き方や愛犬・飼い主の性格などでも、飼い主側からはどこまでできるか・犬側からはどこまで許せるかが変わってきます。ですから、無理に自分でする必要はありません。

　特に犬がケガをしやすいグルーミング、中でも耳掃除・爪切りなど刃物を使うことは、プロにお任せした方が安心です。なぜなら愛犬は動くからです。

　グルーミングの間、愛犬がじっとして動かないでいてくれたら誰もがスムーズに行えますが、動いた瞬間に大ケガをします。台から落ちる、爪の神経を深く切る、舌を切る・目を突くなど顔まわりは事故が起こりやすく要注意です。

　犬は不快に感じた時に、相手が飼い主だと歯を当てたり吠えて抵抗しますが、プロには一旦抵抗しても犬の扱いにも慣れており、犬は解放されないとわかると従うようになります。

　子犬のお手入れ（P60）の中に書きましたが、全て自分でお手入れをする場合でもサロンに慣らしておくことはお勧めします。何年も一緒に暮らす間に、時間の経過や諸事情で愛犬も飼い主も状況が変わる可能性があるからです。また、プロにお願いすることで、自分では気づかなかったプロの視点からのアドバイスを聞けたりします。それを参考におうちケアをレベルアップできます。

　プロにお願いできないような日々のお世話、例えば、体を拭くことやブラッシングは飼い主が避けては通れませんから、自分でできるようにしてください。そのためにタッチング（P10）を記載しました。

　お散歩から帰ってきたら足裏を拭きますが、怒る犬もいますからタッチングで肉球を触ることに慣れたら、次からはウェットティッシュを手に持ってタッチングをするとできるようになります。足裏拭きで愛犬が怒る1番の原因は、汚れを「拭き取ろう」という意識から圧が強くなりすぎて肉球に痛みを感じるからです。ゴシゴシこすらずに優しく拭くことを意識しましょう。

　サロンや動物病院に慣れた上で、おうちケア全般を飼い主の優しい手でできれば、愛犬は飼い主から愛されていると感じ取れると思います。

1. ドッグアロマテラピーの基礎知識

> アロマテラピーは、植物の恵みである香り成分を呼吸と共に体内に取り込めることと、香りの心地よい刺激によってオキシトシンが高まると言われています。自然の恵み・植物の恵みは、人も動物も分け隔てなく、命あるものとしてその恩恵を与えてくれます。

🐾 アロマテラピー

アロマテラピーは「植物療法」のひとつであり「アロマ＝芳香」「テラピー＝療法」という意味です。香りの歴史は古く、古代から魔除けや浄化など儀式のために植物を焚いて香りを活用していました。

また薬のない時代は身近にある植物を煎じて飲んだり、体に塗ることで治療をしてきました。中世の時代に科学の発達によって植物から有効成分を取り出すことができるようになり「精油」（エッセンシャルオイル）が誕生します。

アロマテラピーは、ヨーロッパでは医師が精油やハーブ（薬草）を処方することで治療に使われていますが、日本では雑貨店等で販売されるため、治療目的ではなく、リラックスやリフレッシュ・メンタルケア等のために使用します。

🐾 アロマテラピーで使う精油

アロマテラピーを行う上で必要なのは「精油」（エッセンシャルオイル）です。

精油の定義とは、植物の花・葉・果皮・果実・心材・根・種子・樹皮・樹脂などから抽出した天然の素材で有効成分を高濃度に含有した揮発性の芳香物質です。

精油には、芳香性（香りを放つ性質）・揮発性（液体が気体になる性質）・親油性（油に溶けやすく水に溶けにくい性質）・引火性（火や熱によって発火しやすい性質）がありますので、取り扱いに注意します。

🐾 精油の経路

　アロマテラピーは、植物の香り成分が呼吸とともに鼻から入り、鼻の奥で電気信号に変換され、脳に到達し、脳に心地よい刺激を与え、精油の中にある天然成分が働きかけます。

　また、呼吸とともに肺に入り、肺粘膜から吸収され、血液とともに体を巡り、それぞれの精油の中にある香り成分が各部位へ働きかけます。

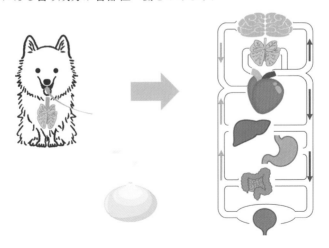

体内に入った香り成分は呼気や排尿で体外へ排出されます。
この経路は人も犬も同じです。

🐾 注意事項

・精油は天然100％ですが、植物から取り出した有効成分が凝縮した高濃度な液体です。注意事項を守ることで人にもペットにも安心して使えます。
・火気厳禁です。精油は引火する性質を持っているため、火のそばで使用しないよう注意します。

◆ 人への注意事項

・精油は高濃度で刺激が強いため、皮膚につけない・飲まないようにしてください。肌についた場合は、水でよく洗い流します。誤って飲んでしまった場合は、吐かずにすぐに医師の診察を受けてください。
・子どもの手の届かないところに置きます。誤って開けたり口にすることがないように保管時だけでなく使用時も置き場所に注意します。

◆ 医師に相談が必要な人

・妊娠中の方：女性ホルモンに作用を持つ精油もありますので産婦人科医にご相談ください。
・肌の弱い方：皮膚を刺激する精油もありますので肌にマッサージオイルを用いてマッサージをする方は皮膚科医にご相談ください。
・病気・ケガの治療中の方：投薬中は精油の作用が薬の効果を強めたり弱めたりすることがあります。担当医にご相談ください。
・3歳未満の乳幼児：心身が未発達なため、精油の香りが刺激となる場合がありますので小児科医にご相談ください。

◆ 犬への注意事項

・精油は高濃度で刺激が強いため、皮膚につけない・飲ませない・舐めさせないよう注意してください。愛犬が誤って飲んでしまったり舐めてしまった場合は、吐かせずにすぐに獣医師の診察を受けてください。
・犬が精油に興味を持つと、口や手が出る可能性が高く、フタを歯で壊したり、口に入れているときに慌てて取ろうとすると反射で飲み込んだりする危険が高まります。保管時だけでなく使用する時も置き場所に注意します。多頭飼いの場合は特に注意してください。

　例えば、精油を使おうと傾けたら精油がビンに垂れて指についてしまった。私は手の皮膚が強いからとすぐに洗わずにいたら愛犬が走ってきたので受け止めたら、「愛犬の目に精油のついた指が当たってしまった」「匂いのする指に愛犬が興味を持ち舐めてしまった」など起こり得ます。これら二次被害を起こさないよう、精油が手についたらすぐにしっかりと洗い流してくださいね。

🐾 獣医師に相談が必要なペット

・妊婦中：女性ホルモンに作用を持つ精油もあります。
・皮膚が弱い：皮膚を刺激する精油もあります。
・治療中：投薬中は精油の作用が薬の効果を強めたり弱めたりすることがあります。
・6か月未満の子犬：心身が未発達なため、精油の香りが刺激になりすぎる場合があります。

🐾 精油の保管方法

　環境や保管方法によって品質は変わりますので下記を守りましょう。
・冷暗所に保管します：精油は熱や湿度に弱く、その影響で劣化が早まり香りも変化します。直射日光のあたる場所や湿度の高い場所を避けて保管します。
・使用後・保管時は必ずフタをしっかりと閉めます：精油は揮発する性質を持っています。フタが閉まっていないと精油は揮発していきます。フタが最後まで閉まっているかを毎回確認します。
・立てて保管します。
・子どもやペットの手の届かない所に保管します。

🐾 アロマグッズの購入方法と使用期限

・精油は100％天然のものを使用しましょう。商品によりますが外箱や本体に「天然（natural）100％」「品質保持期限」「学名」「容量」などが書かれています。商品により書かれている項目が違いますが、香水やルームフレグランス（人工で作られたもの）と間違えないための目安としてください。
・精油の使用期限は開封後約1年が目安となります。柑橘系の精油は約6か月が目安となります。

2. 愛犬とアロマテラピー

愛犬には芳香浴が安心して使える方法です。量は1滴でも十分香ります。初めは1滴からスタートし、滴数を多くしすぎないよう注意してください。慣れてきたら愛犬の様子をみながら、飼い主の好みに合わせて滴数を増やすことも可能です。

🐾 お部屋で

1　マグカップにお湯を入れて、その中に精油を1滴たらす

2　ディフューザーを使って部屋全体に香らす

3　ハンカチやコットンに1滴垂らして、狭い範囲で楽しむ

4　アロマミストを作り、空間にスプレーする

※1〜4の精油を使用したモノをペットが舐めたり口に入れたりしないように手や口が届かない工夫をしてください。（例：高い場所に置く、囲う、など）
※マグカップはアロマテラピー専用を作りましょう

マグカップ

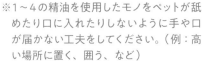
コットン　　　　　　ハンカチ

🐾 お散歩・外出

1　バンダナに精油を1滴垂らして愛犬の首に巻く

2　ハーネスやリードなどお散歩グッズに1滴たらす

3　アロマミストをペットの身体につける。

※1・2は精油をつけた場所を愛犬がかじらないよう、愛犬の皮膚につかないよう、つける位置に注意する
※3は顔周りは避ける

バンダナ

リード小　　　　　　ハーネス大

🐾 車でお出かけ

1 ハンカチやコットンに1滴垂らしてクレート付近に置く
2 車用アロマディフューザーを使う
3 アロマミストを車内にスプレーする

※運転する人が眠くならない精油を使用する

🐾 電車でお出かけ

1 クレートカバーにアロマミストをスプレーする
2 バンダナかハンカチにアロマミストをスプレーしてクレートに結ぶ

※他の乗客の香害にならないようミストは薄めて使用する

🐾 お泊まり先

お部屋と同じように使用する

◆ ペットにアロマを使うメリット

　人間は自分の不調を自分で感じて対処できますが、愛犬の場合は飼い主が日常の行動から今の愛犬の様子を見て推測したり、その時の愛犬の表情・行動から読み取ったり、日々の環境の変化から考えたりして、愛犬の不調をとらえていきます。

　外出でいつもより緊張したかな？ お留守番が長くて寂しかったかな？ 遊びすぎて疲れたかな？ など、病院へ行くほどでもないけど、疲れを癒してあげたい・緊張をほぐしてリラックスさせてあげたい・メンタルをケアしてあげたいと思った時、精油のもつ香り成分の特性・作用を取り入れ、リラックスやリフレッシュ、ストレスを和らげるなどの手助けをします。

　他にも自然治癒力を高めたり、消臭や虫除けなど使用する精油の恩恵を受け取れます。

◆ さらにスペシャルに使うには

・芳香浴をしながらマッサージをする
・「いい香りを嗅ごうね」「香りでリラックスしようね」「今日もありがとう」などポジティブな言葉や褒め言葉をかけながら行う
・愛犬のストレスサインや行動を見て芳香浴をする精油を変える

3. 愛犬におすすめの精油

愛犬に使う精油を選ぶとき、セラピストの場合は飼い主にカウンセリングをして 愛犬の様子を見て20〜30種の精油から2〜4種類を選んで使用しますが、ここでは飼い主がおうちケアで使いやすい精油を8種類ご紹介します。

ラベンダー

学名：Lavandula officinalis (L.angustifolia, L.vera)

ラベンダーの作用

血圧降下作用・解毒作用・健康回復作用・抗ウイルス作用・抗うつ作用・抗痙攣作用・抗神経障害作用・抗リウマチ作用・細胞成長促進作用・殺菌作用・殺真菌作用・消炎作用・消毒作用・胆汁分泌促進作用・鎮痙作用・通経作用・デオドラント作用・発汗作用・瘢痕形成作用・鼻粘膜液排出作用・分娩促進作用・癒傷作用・利尿作用

ラベンダーは多くの成分から成り立つため作用も幅広くオールマイティーに活用できます。香りはフローラルで甘く、さわやかに感じる人もいれば濃厚に感じる人もいるでしょう。感じ方はその日の体調や気分で変化しますし年代によっても好き嫌い・感じ方が変わります。

愛犬にはテンションをさげて落ち着かせてくれたり、緊張感をほぐしてリラックスを促します。免疫力を高めてくれるので病気予防、診察や手術前後に、サロンの前後に使うことでメンタルケアにも繋がります。他にも虫よけ、消臭にも、睡眠を促したい時、昼間リラックスしていてほしい時に、お留守番の時にも役立ちます。

*注意：眠気を誘うため、飼い主の運転前は使用を控えてください。人も犬も妊娠初期は使用を控えてください。

オレンジ

学名：Citrus sinensis

オレンジの作用

強壮作用・駆風作用・解熱作用・健胃作用・抗うつ
作用・消化促進作用・消毒作用・食欲増進作用・鎮痙
作用・鎮静作用

優しい精油なので、初めての人や犬
も使いやすい精油です。

シャイで怖がりな愛犬にはぴったり
な精油で、内向的だったりストレスを抱
えやすいタイプに使います。気分を明る
くしたり、元気づけてくれて、緊張と不
安を取り除いてくれる精油です。不安
で眠れないときにも安眠を促してくれま
す。

＊注意：敏感な肌を刺激する事があります。

ティートリー

学名：Melalenuca alternifolia

ティートリーの作用

強心作用・去痰作用・抗ウイルス作用・抗感染作用・
殺菌作用・抗真菌作用・殺虫作用・消毒作用・粘液
過多治癒作用・発汗作用・瘢痕形成作用

香りはすっきりシャープな感じです。
免疫力を高める力が強く、愛犬がショッ
クやパニック、恐怖を感じた時の心をリ
フレッシュしてカバーしてくれます。強
力な殺菌消毒力を持つため、薄めたミ
ストで涙目焼けや耳あかなど、体を拭く
ことで雑菌を処理する効果が高まります。
虫よけにも適しています。

＊注意：敏感な肌を刺激する事があります。

ゼラニウム

学名：Pelargonium graveolens

香りはバラに似た花のような香りです。優しい精油なのでアロマ初心者の方にも愛犬にも使いやすい精油です。

心のバランスを整え、ストレスケアに適しています。女性ホルモンのバランスを整えてくれますから更年期にもお勧めです。虫よけにも最適です。

＊注意：ホルモンの働きを整えるため人も犬も妊娠中は使用を控えてください。

ゼラニウムの作用

強壮作用・血管収縮作用・抗うつ作用・殺虫作用・止血作用・収斂作用・消毒作用・鎮痛作用・通経作用・デオドラント作用・皮膚軟化作用・癒傷作用・利尿作用

ローズマリー

学名：Rosmarinus officinalis

香りは樟脳のような刺激のある香りですから、用量に注意します。

脳への刺激から痴呆に卓効を示します。心臓を強化してくれるので心臓の遺伝疾患を持っている犬やシニア犬にお勧めします。何かに集中してほしい時や記憶力を高めたい時にもお勧めです。虫除けにも最適です。

＊注意：人も犬も、癲癇のある方、高血圧症の人には向きません。
＊妊娠初期は使用を控えてください。

ローズマリーの作用

強肝作用・強心作用・強壮作用・駆風作用・血圧上昇作用・健胃作用・抗うつ作用・抗神経障害作用・抗リウマチ作用・刺激作用・収斂作用・消化促進作用・消毒作用・頭脳明晰作用・胆汁分泌促進作用・通経作用・鎮痛作用・瘢痕形成作用・癒傷作用・利尿作用

ペパーミント

学名：Mentha piperita

ペパーミントの作用

強心作用・強肝作用・去痰作用・駆虫作用・駆風作用・血管収縮作用・解熱作用・健胃作用・抗神経障害作用・刺激作用・歯痛緩和作用・収斂作用・消炎作用・消毒作用・頭脳明晰化作用・制吐作用・胆汁分泌促進作用・鎮痙作用・鎮痛作用・通経作用・乳汁生成阻止作用・発汗作用・鼻粘液排出作用・麻酔作用

爽やかで涼しげな香りがします。消臭力が強く、この精油を車の中で使用すると「消臭・虫よけ・車酔い予防・疲労回復・冷却など」と愛犬のためにたくさんの力を発揮してくれます。脳の働きを活性化して眠気を覚まします。集中力が高まるので集中してほしい場面に役立ちます。体感温度を下げてくれます。

＊注意：人も犬も、使用量が多いと刺激になりますから量に注意します。パワフルな香りなので目の周りでの使用は控えましょう。妊娠中、授乳中は使用を控えてください。胆石の方は避けたほうがいいと言われています。

カモミール

学名：Anthemis nobilis

ローマンカモミールの作用

強壮作用・駆虫作用・駆風作用・解熱作用・健胃作用・抗アレルギー作用・抗うつ作用・抗痙攣作用・抗神経障害作用・抗リウマチ作用・止痒作用・消炎作用・消化促進作用・消毒作用・制吐作用・胆汁分泌促進作用・鎮痙作用・鎮静作用・鎮痛作用・通経作用・発汗作用・瘢痕形成作用・皮膚軟化作用・癒傷作用・利尿作用

香りが甘く、人間も動物も受け入れやすい精油です。不安・緊張・怒り・恐怖を和らげる緩和力が強いので愛犬や飼い主のストレスに働きかけます。胃腸の働きを促してくれるのでストレスからくる不調を好転させてくれます。

＊注意：人も犬も妊娠初期は使用を控えてください。

87

レモングラス

学名：Cymbopogon flexuosus

心を刺激し、生気を回復させエネルギーを充電するのでよい強壮剤になります。副交感神経の働きをバックアップします。風邪や呼吸器の感染症に効果的と言われています。虫除けにも最適です。

＊注意：敏感な肌を刺激する事があります

レモングラスの作用

強壮作用、駆風作用、抗うつ作用、抗リウマチ作用、催乳作用、殺菌作用、殺虫作用、刺激作用、疾患予防作用、消毒作用、デオドラント作用、利尿作用、忌避作用

4. タイプ別・シーン別精油の選び方

愛犬の性格や状況によって使う精油が変わってきます。ここで紹介するおすすめの精油は、1種類でもその作用を発揮してくれます。もちろんブレンドをしても構いませんが、ブレンドしないといけないわけではありません。虫除け作用を持つ精油は何種類もありますがその中で「興奮しやすいからペパーミントを使おうかな」、「シニアなのでローズマリーを使おうかな」など愛犬に合わせて選びましょう。

愛犬のタイプ	おすすめの精油
シャイな犬	オレンジ・カモミール・ティートリー
テンションの高い犬	ラベンダー・カモミール・ペパーミント
ストレスケア	オレンジ・ティートリー・カモミール
吠える	ラベンダー・オレンジ・ペパーミント・カモミール
リラックス（留守番にも）	ラベンダー・カモミール・ゼラニウム・オレンジ
虫除け	レモングラス・ゼラニウム・ペパーミント・ローズマリー・ティートリー・ラベンダー
消臭	ペパーミント・ラベンダー
シニア	ラベンダー・ローズマリー・ティートリー・オレンジ
脳の活性化	ローズマリー・ペパーミント・レモングラス

5. アロマミスト

🐾 アロマミストのメリット

　虫除け作用のある精油が多く、様々な香りの組み合わせができます。愛犬の状態を考慮して作れば虫除け作用にプラスして、興奮しやすい犬に落ち着きを、怖がりな犬に安心を、シニア犬にはストレスケアなど、愛犬のためのアロマミストを作ることが可能です。

🐾 準備するもの（1%濃度で作成の場合）

・ミスト用スプレーボトル　　100ml用
・精製水　　100ml
・ビーカー（計量カップ）
・精油（1滴 0.05ml）　　1ml（20滴）

🐾 濃度の計算

　ここでは計算しやすい100mlで記載していますが、必要な分量で作成してください。

　精油は全体の1％の濃度を目安にしていますが、アロマに慣れていなかったり皮膚の弱い犬は0.5％濃度やそれ以下で作ります。

　精油はドロッパーで落とすと1滴0.05mlですから、100mlの1％は1ml、1mlの精油は20滴必要です。0.5％濃度なら10滴と計算して作ってください。

　50mlで作るなら1％濃度なら0.5ml、精油は10滴必要です。

🐾 作り方

1　必要量・％・入れる精油を考え、滴数も決めます。
2　必要量のスプレーボトルと道具を用意します。
3　ビーカーに精製水を入れて、精油を垂らします。
4　精油を入れた精製水をビーカーからボトルに入れます。
5　ボトルにスプレーを装着してしっかり閉めます。

🐾 アロマミストを使う前に

　使う前によく振ってから使用します。（精油は親油性なので水に溶けにくい性質です）

🐾 愛犬に使う

・いきなり愛犬にスプレーせず、目や鼻にかからないよう空気中でスプレーして香りに慣れます。

・慣れてきたらお尻のほうから全身にスプレーしていきます。

ボディにつける

・顔につける場合は目・鼻・口などの粘膜にかからないよう注意してください。

・顔まわりになると嫌がる場合があります。その時は飼い主が手にスプレーをして顔につけます。目・鼻・口に手からスプレーが入らないよう注意してください。

・スプレーしにくい体の部位や、スプレーを嫌がる場合も飼い主の手にスプレーしてそれをつけます。

顔につける

🐾 空間に使う

愛犬の顔やデリケートな場所に降りかからないよう確かめてから必要な場所にスプレーします。

🐾 使用後

使い終わったらキャップをして「冷暗所」に保管します

20 ドッグハイドロセラピー

🐾 ハイドロセラピーって？

　ハイドロセラピーは水の特性を利用した「水療法」という意味で、ウォーターセラピーともアクアセラピーとも言います。水療法には5種類あり、その中の1つ、古代から自然に湧き上がる温泉で病気やケガを癒す「温泉療法」は日本でも古代ローマでも有名で、映画にもなりました。本書では「水中運動」についてお伝えします。

🐾 ハイドロセラピーのメリットは

　有酸素運動によるダイエット、筋肉強化、リンパ腺刺激によるデトックス、健康増進、体力強化、免疫力強化、術後の早期回復や運動障害の予防のためのりハビリ、水温調節によるリラクゼーションなどが挙げられます。これらは水の特性「浮力・水の抵抗・水圧・水の温度」の恩恵です。

🐾 家庭での愛犬のハイドロセラピーは

　泳がせるというより水の効果を得るという意識で行います。

　小型犬の場合は、犬用の桶やベビーバス・バスタブを利用して「水に浮く」「足を動かしてみる」ことで水のメリットを得るくらいまでにして、それ以上の泳ぐ・リハビリ・筋肉強化などはハイドロセラピストのもと、広いプールで行ってください。

　リハビリを専門とした獣医師のもと、家庭のバスタブや桶などを使用して愛犬にあったハイドロセラピープログラムの指導があった場合は自宅での水を使ったリハビリも可能です。

　中・大型犬で家の中で行う場合は、バスタブの中で水に浸かれる部位に対して「水の抵抗・水圧・温度」の特性を受けることは可能です。

※しっかりと水に浮くことを考えると深めのプールを利用します。室内に深めのプールを設置できればいいですが、室内に置けず外に設置する場合、気温・水温を考えると日本では1年を通して行えません。最初からハイドロセラピストのいる施設でのハイドロセラピーをお勧めします。

ハイドロセラピーの水温は

水中運動では31〜32度、リラクゼーションは32〜35度と言われています。30度では小型犬は寒さを感じると言われていますので31度以上、体温より高くならないくらいの水温で愛犬の様子を見ながら行いましょう。

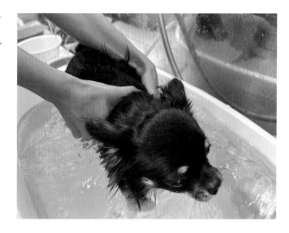

ハイドロセラピーをする時間は

長くても1回に10分です。最初は2〜3分から始めて徐々に伸ばしていきます。頻度は週に1回がベストと言われていますが2〜3週間に1回でも1ヶ月に1回でも愛犬に合わせて、用途に合わせて行えます。

水に入る前に

1 事故や誤飲が起こらないようにハイドロセラピーをする場所を整理整頓・小物を片付けて環境を整えます。飼い主も愛犬も滑りにくい工夫も必要です。

2 必ずバイタルチェックを行って、普段と違いがないか確認します。

（P20 バイタルチェックを参照）

3 水中運動前の準備体操としてストレッチを行います。

4 今日は何分入るかを最初に決めます。最初は慣れるために2〜3分から初めて、徐々に時間を増やしますが、時間を決めていないとつい長くなって愛犬も飼い主も疲れてしまいます。タイマーを使うか、時計で○時○分までと決めましょう。

🐾 ストレッチ

　実は犬たちは自分で必要に応じてストレッチをしています。寝起きなど、前肢を伸ばしたり後肢を伸ばしたりする姿を見たことがあると思います。

　それを運動前に飼い主の手で行います。マッサージは皮膚へのアプローチですが、ストレッチは関節や骨から動かします。

　メリットは、柔軟性・身体機能の向上・ケガの予防・代謝を上げる・歩様の改善などがあります。ここではおうちケアのハイドロセラピーの準備運動としてのストレッチをお伝えします。

　水中で動かなくても入っている部分全てに水の圧力を受けます。普段使わない筋肉も圧力がかかりますから、ストレッチで体が機敏に柔軟に動くことにより、ケガの回避や運動後に起こりやすい痛みやこわばりを減少したり、筋肉の緊張をやわらげることを目的として行います。

　関節可動域の拡大などリハビリ要素を目的としたストレッチは、動物の理学療法士や整形外科を専門とした獣医師に指導を受けましょう。

🐾 ストレッチ成功のポイント

・おうちケアでの水中運動前のストレッチは軽い力で行います。
・ストレッチをする手と反対側の手は必ず愛犬の体に添えて支えます。
・ゆっくりと愛犬の体を確認するように伸ばしていきます。
・伸ばす時間は10秒程度です。
・関節系の病気やケガがないかを確認し、疾患部位は触らないでください。
・基本は座った状態や立った状態で行いますが、難しい場合は愛犬が寝た状態で上になっている部位をすることも可能です。無理やりおすわりをさせたりしないでください。
・水圧で全身に適度な圧力がかかるため、水から出たあとは排尿しやすくなりますので排尿できる環境を整えておきましょう。特に子犬やシニア犬は影響を受けやすい傾向があります。

🐾 ストレッチの手順

◆ 四肢

1 前肢を前方へ:

　肘から上の部分を写真のように手のひらと指で支え、前方に軽く伸ばします。(引っ張ると肩が前方に移動しますので、肩が動かないよう引っ張らないでください。)

　この時、前肢は背骨と平行になるようにします。(脇が広がらないよう注意)

2 前肢を後方へ:

　肩甲骨のすぐ下を支えて、後方に軽く伸ばします。引き上げるイメージのほうがわかりやすいかもしれません。この時、前肢は背骨と平行になるようにします。支える手で後方に引っ張らないよう注意します。

3 後肢を前方へ:

　大腿骨を支えて、前方に伸ばします。この時、後肢は体と平行になるようにします。支える手で前方に引っ張らないよう注意します。(前に押し出さない)

4 後肢を後方へ:

　大腿骨を支えて、後方に伸ばします。

　この時、後肢は体と平行になるようにします。支える手で後方に引っ張らないよう注意します。

◆ 首

1　上へ：

　正面からスタートします。前肢が床から浮かないようにもう片方の手を体に添えて、おやつをかじらせながら手を上にゆっくりと持っていき、頭を上に向けます。

2　下へ：

　おやつをかじらせながら手をゆっくりおろしていき、鼻先を下へ向けて首の後ろを伸ばします。この時、体が下がらないよう添えた手で支えてください。

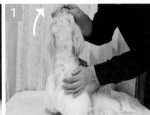

3　横へ：

　体をしっかりと支えて、首を中心に顎を左側へ回します。同様に右側へも回します。左右で固さが違うことがあります。無理をしないで軽く向ける程度にしましょう。慣れない間はおやつをかじらせながらする方が楽でしょう。

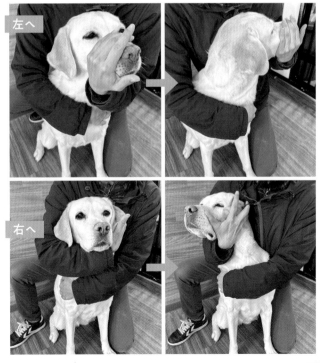

◆ 背中

1　お腹の下に片手を通して、おやつをかじらせます。

2　手を床と垂直にゆっくりと降ろしていき、背中の伸びを確認します。

◆ 尻尾

　尻尾の関節を緩やかに揉むようにして尻尾の先へ移動していきます。伸ばすように軽く引っ張ります。

※断尾している愛犬は、元の尻尾があるかのようにストレッチをします。

※フレンチブルドッグやボストンテリアのような尻尾が体に張り付いていたり硬く巻いている犬種は尻尾のストレッチをすると怒る場合がありますので無理をしないでください。

🐾 ハイドロセラピーの方法

・水に浮くときは飼い主が両手で支えて行います。ハーネスをつけて片手を空けて行うこともできます。この時、愛犬の体が左右のバランス・前後のバランスを崩さないように水面と平行になるよう手の位置、ハーネスの位置・ハーネスを持つ手の位置や向きを微調整してください。

・褒め言葉・勇気づける言葉・愛犬が落ち着けるような言葉をかけて応援します。まだ慣れていない時期なら安心できるための言葉、慣れてきて足を動かしたり泳ぐ広さがあって泳ぐようになってきたら応援するためのポジティブ言葉をかけましょう。(いいコね、上手ね、楽しいね、など)

◆ 場所慣れ・水慣れ

場所慣れ・水慣れはP40シャンプーのページを参考に丁寧に行なってください。

◆ 水に浮く

水が肩までつくことになれたら、いよいよ水に浮いてみます。

これまでは床に足がついた状態で水に慣れましたが、今度は足が床から離れますので慎重にすすめていきます。(この時に大事なのは愛犬の体を支えている飼い主の両手です=安心感)

1 肩までの水をもう少し増やし、首までが浸かるくらいにします。

2 両手で脇の下から胸にかけてを手のひらと指の腹を使って持ち上げます。(指に力が入って指先が愛犬の体に食い込まないように)

3 持ち上げる高さは水面と背中が平行になるあたりです。このまま少し止まって愛犬の様子を見ましょう。

4 様子を見ながら愛犬に褒め言葉やポジティブな言葉をかけましょう。

　この時両手は塞がっていますので、おやつを食べさせることはできません。今こそ、褒める声が有効となります。
　「おやつをあげる=褒めること」で褒め言葉が良いこと・嬉しいことと条件付けができていれば褒め言葉だけでも十分効果があります。

5　水に浮かぶことになれてきたら、動ける範囲内で前に進んでみましょう。
　　バスタブで前に動けるスペースがたくさんあったとしてもいきなり一気に動かさずに、「前に進んでみようね」「いい子ね」など声がけで安心させながらゆっくりと進んでみます。

6　水に浮いて止まっている状態でも少し前に進ませる状態でも、愛犬が前肢を「犬かき」のように動かし始めたら「前足上手ね」「上手に動いているね」などと褒め言葉をかけながらその行動を肯定して安心させます。

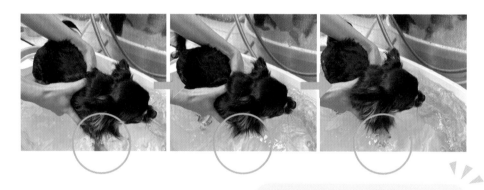

褒め言葉はその行動を肯定し、安心させ、その行動を安定させます。

7　前肢が動けば後肢も自然とついてきますので、後肢も動いていることを確認したら褒めましょう。体勢的に無理があるなら後肢の確認はしなくてもいいです。

8　バスタブなど前に動けることを想定してお伝えすると、両手の支えはそのままで、ゆっくりと前に進んでみます。その時も褒め言葉をかけながら、愛犬の様子を見ましょう。

・初めての体験の時は驚いた表情にはなると思いますが、止まっていたら平気だけど動かしたら怖がる様子ならその場で再度止まり、元の落ち着いた表情に戻るまで「愛犬が落ち着ける言葉」をかけながら待ちます。
・驚いた表情でも、動いてみてそれほど表情が変わらないようなら褒めながらゆっくり動いてみましょう。
・動かして、表情が引きつる・前足をバシャバシャ慌てて動かしてパニックのようになっ

ていたら、その場で停止して「大丈夫よ」「落ち着いてね」と声がけしながら落ち着く
まで待ちます。

 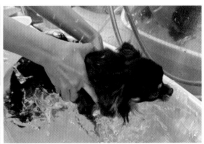

🐾 ハイドロセラピー成功のポイント

・一人で泳がせない。必ず飼い主が手を添えて行います。

・水のある場所に愛犬だけで置いておかない（必ず飼い主も一緒にいること）

・愛犬の様子を見ながら行い、呼吸の乱れや唇の色などバイタルに変化が現れたら中止
します。　　　　　　　　　　　　　　　　　　　➡P20バイタルチェック参照

・中型犬・大型犬は飼い主の体格によって支えきれないこともあったり、水場は滑りや
すいため、飼い主・愛犬共にパニックやケガに十分注意してください。（例えば、バス
タブの中で滑った、バスタブから飛び出そうとして足が引っかかった、パニックになっ
て飼い主に体当たりした、他）

・小型犬は飼い主がコントロール可能な大きさですが、愛犬から目を離さず、手を離さ
ず十分注意してください。

本来は余裕のあるスペースで泳ぎ
続けることで有酸素運動となり心身
への恩恵を取り入れられますが、お
うちケアでは限界があります。それ
でも「水」の恩恵は得られますので
スペシャルケアとしておうちで継続し
てみてください。

救急救命

　水中に落ちた、大量の水を飲んだなどハイドロセラピーだけでなく、事故や災害でも起こりうることです。基本的にはすぐに動物病院に行くことが大前提ですが、水をたくさん飲んで一刻も早く吐かせないと危険・呼吸が止まった・心臓が止まったなど、時間に猶予がない場合、病院へ行くまでの間にできるよう応急処置・救命方法をお伝えします。

🐾 予防

　ハイドロセラピーをするから危険が伴うということではなく、シャンプーでもハイドロセラピーでも川・海遊びなどでも水を使う場合は飼い主が愛犬から目を離さない、数秒でも一人にしない、飲み込んで危険なものを置かないなどの注意をしていれば事故は未然に防げますので、救急救命を行わなくていいように飼い主自らの意識を高めます。

　それでも誤飲誤嚥・ショック・事故・事件・災害など一刻を争う状況の中で愛犬に異変があった時、病院へ行くまでの間に、もしくは病院に行けない状況の中で、飼い主が救命を行えるように知っておきましょう。飼い主の知識で愛犬の命を救える可能性があります。

🐾 水を吐かせる（窒息の原因となっている異物を吐かせる）

◆ 小型犬～中型犬

　抱き上げて頭を下にします。
（実際の場面ではもっと逆さまにします）

◆ 中型犬～大型犬

1 愛犬が立っているなら、胃から下の
  方に腕を回し、体を折り曲げるよう
  に持ち上げます。

2 愛犬が倒れているなら、段差や坂の
  ような角度のある場所に頭を下にし
  て寝かせ、吐かせます。

3 ハイムリック法 (誤嚥・窒息の時に):
  肋骨のすぐ下を力を込めて締め上げ
  ます。
  (実際の場面ではもっと力をこめて
  する必要が出てきます)

ハイムリック法

🐾 人工呼吸

愛犬に呼吸がない場合行います。

1 喉がまっすぐになるように顎をあげ、
  気道の確保をします。

気道確保

2 空気が口から漏れないように愛犬の口を押さえてふさぎます。

※写真は、見やすいように飼い主の立ち位置を反対にしています。

3 愛犬の鼻から強く息を3秒吹き込みます。空気で胸が持ち上がるのを確認しながら行います。

4 愛犬の鼻から自分の口を離し、吹き込んだ空気が出るのを待ちます。(数秒)

5 上記3・4の動作を10回ほど行い、呼吸の確認をします。

鼻を自分の口で咥える

6 まだ自力呼吸ができなければ繰り返します。

※心臓も止まっている場合は、心臓マッサージも行います。

🐾 心臓マッサージ

心臓が止まっている場合のみ、人工呼吸と共に行います。

1 犬を横にするなら左側が上になるようにします。

2 心臓の位置を確認します。
 (前足を曲げた肘の下あたり)

3　心臓の位置に片方の手のひらの付
　　け根部分（手首あたり）を当て、も
　　う一方の手を上に添えます。

4　腕を伸ばして、肘をまっすぐにし、上半身の体重を利用して圧迫します。

5　圧迫する回数は10～15回。　1秒に1.5～2回のペースです。

6　一定のリズムで「イチッ・ニッ・サンッ」と声を出しながら行うとスムーズです。

7　小型犬は片手でも、大きさによって
　　は指で行うことも可能です。

8　人工呼吸2回・心臓マッサージ10
　　回のペースで繰り返します。

※小型犬は約5kg、中型犬は約10kg、大
　型犬は約20kgの力をかけて行います。（体
　重計で試してみましょう）

意識が戻ったら、必ず獣医師の診察を受けてください

21 犬の感情表現

犬の表現方法

　人間の表現方法はたくさんあります。言葉・表情・ジェスチャー・それらに付随する非言語コミュニケーションで情報を伝え合います。

　犬たちの表現方法は、声・表情・ボディランゲージ・匂いなどで伝え合います。

　人間は犬の伝達方法は人間より少ないと感じますが、犬同士の中ではもしかしたら人間よりも伝達方法は多いのかもと感じます。

　私たち人間は犬と暮らすようになるとコミュニケーションを通じて愛犬の出す表現方法を読めるようになり、さらに観察したり他の犬達からも学ぶことで犬の表現の豊かさに驚かされます。

　愛犬もまた、飼い主の表現方法を日々学んでいて飼い主を読み取っていきます。

　最初は、人は犬が何を伝えようとしているのかわからないし、犬は人が何を伝えようとしているのかわからないけれども、お座りやマテ・ハウスなど人間側の表現（言葉と行動）を犬に教え込んでいくわけですから、人間も犬の表現を学んでこそ、相互コミュニケーションになります。

　紙面では音や匂いは伝えにくいため、目で見て理解しやすいボディランゲージをお伝えします。

　社会化ができている犬は飼い主を読み取る余裕が出ますが、社会化ができていない犬は自分のことで精一杯なのであまり周りを見る余裕がない傾向が多いように見受けられます。

🐾 ボディランゲージ

　犬達は体を使って自分の感情を表現します。そのサインを飼い主が少しでも多く読み取って、愛犬が訴えていることに飼い主が対応できたなら、愛犬と飼い主の信頼関係はさらに育まれ、深まっていきます。

　例えば、愛犬が「触らないで」と体で表したとします。飼い主がそのボディランゲージを知っていれば「今は触ってほしくないのね」と触ることをやめるので、愛犬は「自分の気持ち・行動を理解してくれた」と飼い主を信頼します。この繰り返しで信頼関係は深まっていきます。

　反対に、愛犬が触らないでとサインを送ったにもかかわらず、飼い主は意味を知らずに気づかず、愛犬のその行動を逆に可愛いと思ってやめなかったとしたら、愛犬は自分の気持ちを理解してもらえないと感じ、やめさせるには吠えるか、歯を当てるか、噛むか、諦めて我慢するかの行動をとるようになります。（愛犬の性格や不快のレベルによって取る行動は変わります）

　愛犬が吠えたり歯を当てたりすることで飼い主が驚いてその行動をやめると、愛犬は吠えれば・歯を当てれば嫌なことをされないと学習し、それを繰り返すようになります。そしてそのたびに飼い主への不信感を強めていきます。飼い主は「このコは抱っこが嫌いなんだわ」「マッサージが好きじゃないのね」とさらに距離は離れていきます。

　愛犬をちゃんと「観る」ことでコミュニケーションを良い方向へ深めていきましょう。

🐾 サインの種類

　ボディサインにはストレスを体で表すもの、威嚇、今の気持ちを相手に伝えるものや自分自身を落ち着けるための行動もあります。これらのボディランゲージは全ての犬が全てのサインを出すわけではありません。個体によって出しやすいサインがあったりします。また年上の犬が出しているのを見て学ぶ傾向もありますので、ボディサインを使って冷静に対応してくれる犬たちと触れ合わせることも大切です。

　ここではよく見られるものをご紹介します。ボディサインは犬同士のほうがわかりやすいため、犬同士での写真を掲載します。

🐾 カーミングシグナル

「落ち着く」がテーマで、そんなに興奮しないでと相手を落ち着けるために出したり、ストレスを感じている自分自身を落ち着けるためにします。どちらかというと友好関係を築くために出します。

1 ・座る
・口をパクパクさせる
・目を細める
・そっぽを向く
・体を横に向ける
・ゆっくり歩く
・静止する
・いないように振る舞う

・あくびをする
・目を逸らす
・瞬き
・横を見る
・背中を向ける
・カーブを描きながら歩く
・2頭の間を割く

目を細める

そっぽを向く

横を見る

伏せて背中を向ける

匂いを嗅がれて静止

カーブを描きながらゆっくり歩く

2頭の間を割く

2・伏せる

・鼻を舐める
・口を舐める
・体を振る
・体を掻く
・地面の臭いを嗅ぐ
・小さく見せる
・低くなる
・子犬のように振る舞う
・プレイバウ
・歯をカチカチ慣らす

> カーミングシグナルは犬が出すだけではありません。1は人間も表現できる動作ですから愛犬や他の犬が興奮していたら、あくびをしたり背中を向けたりする表現をして、落ち着いてもらいましょう。

🐾 ストレスサイン

　愛犬がストレスを感じた時に出る反応です。尻尾が下がったり震える行動はわかりやすいと思います。緊張感から耳に力が入ったり、車に乗ったときのストレスからよだれが出るのもよく見受けられます。抱っこをしていると筋肉に力が入ったり体が硬直したのがわかることもあります。

　原因としては、例えば、シャイな犬が他犬に強く吠えられたり追いかけられたりする、工事の音が怖い、人が苦手なのに構ってくる、飼い主に構ってもらえない、赤ちゃんが

生まれたり新しい犬が来た、トレーニングが厳しい、など挙げるとキリがありません。

　ストレスの出方も、肉球に汗をかいたりフケが出たりとその場ですぐに出ることもあれば、家に帰ってから食欲がない・下痢になる・抜け毛が増えることもあります。強いストレスがかかってその場で体臭や口臭が一気に臭くなることもあります。

　犬の性格やストレスの強さ、他人や他犬がどう関わってくるかで出るサインが変わってきます。これらのサインが出るという事は必ずその原因がありますから、原因を探ってその原因を取り除けばストレスは終わりますが、体への影響は続く場合もあります。

　愛犬は何にストレスを感じやすいのか、どんなサインを出すのか、ここでも日常の愛犬の行動を知っておくことが重要となります。

　ストレス行動は写真では伝えきれないため、見てわかりやすい行動のみ写真でお伝えします。

🐾 ストレスを感じた時に出る行動

・落ち着きがなくなる	・耳に力がはいる	・尻尾が下がる
・筋肉が硬くなる、硬直する	・よだれがでる	・吠える
・震える	・息が荒くなる	・食欲の低下
・体臭口臭が強くなる	・肉球に汗をかく	・フケがでる
・逃避する	・鳴き方がいつもと違う	・過剰に反応する
・トイレの粗相が増える	・下痢をする	・毛が抜ける
・自分の体を噛む	・瞳孔が拡張する	

耳に力が入る

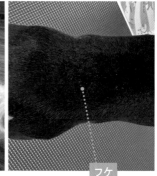

フケ

威嚇のサイン

　嫌な行動をされとき・これ以上近づくな・これ以上触るななど、自分の身を守るために、相手に距離を取らせたい時に、怒っていることを伝えるために出します。

　鼻にしわが寄ったり牙を見せた時に、その行動に気づいて「今している行動」をやめて犬と距離をとれば、それで終わることも多く見受けられます。「威嚇」＝脅しているのですから「今している行動」をやめれば愛犬も落ち着く可能性が高いでしょう。

　威嚇をしてもやめてもらえない場合は、怒りや攻撃となって「噛む」行動に移ります。

威嚇する時の行動

・凝視する

・鼻にシワが寄る

・牙を見せる

・毛が逆立つ

・吠える

・唸る

　よく見かけるのは触ろうとして手を出した時に犬が唸って鼻にシワが寄るパターンです。この時点で手を引いて犬と距離をとりましょう。

22 愛犬を褒める

2000年当初から比べると今は褒めて躾ける方法が当たり前のようになってきました。褒めるだけではなく語りかけるって人にも犬にもとっても大事なんです。

🐾 自分を振り返るワーク

◆ 褒める言葉

褒める言葉をいくつ知っていますか？　どんな言葉を使っていますか？
短い単語ですか？　文章で褒めますか？
Q. 褒める言葉を紙やスマホのメモなどに書き出してみましょう。

◆ 愛犬に言葉を発する時

声の高さは高い？　低い？　声のスピードは速い？　ゆっくり？
声の強さは大きい？　小さい？
声の印象は優しい？　怖い？　しっかり？　爽やか？
Q. 自分の褒める表現方法を分析して書き出してみましょう。

◆ 褒めるタイミング

どんな時に褒めますか？　なぜ褒めるのですか？　逆になぜ褒めないのですか？
Q. 褒めるタイミング・理由を考えて書き出してみましょう。

🐾 褒めるという事

◆ 褒める言葉

　人の場合、褒めるを分類すると、内面（優しい・協調性・他）・見た目（清潔感・センス・他）・行動（努力・丁寧・他）・環境（趣味・出身・他）などに分けられ、その中にも様々な単語があります。人同士であれば文章でも褒められていると理解できますが、愛犬への褒め言葉は、できるだけシンプルにします。

　よし・Yes・そう・お利口・上手・good・素晴らしい…他にもたくさんの褒め言葉があります。アメリカの方はgood boy・beautiful・cute・great・wonderful・coolなど褒め言葉がもっと広がります。

◆ タイミングは肯定・行動強化

　求める行動をしたときは必ず褒めます。トイレシーツで排泄した・来客と仲良くできた・他犬に反応しなかった・他犬と仲良くできたなど…例えば、シャイな性格の犬が外出先でなかなか排泄ができなくて心配だったけど今日初めて外出先で排泄ができた時、その瞬間にしっかり褒めてあげましょう。褒め言葉で肯定するとその行動は増えます。飼い主が望んでいた行動であれば、愛犬ができたその瞬間にしっかり褒めます。

◆ 褒める非言語

　犬は単語より、それを発する時の声の表情が重要です。基本的には優しく落ち着いた声、楽しく明るい声で褒めます。そうすると自然と表情も柔らかく笑顔になり、雰囲気も明るく・穏やかになり、飼い主の愛が伝わりやすくなります。

　イメージしてほしいのですが、ドッグスポーツやトレーニングなど集中して行動するときは褒め言葉が早くても声が高くても屋外なら声が大きくても、その次の行動につながります。

　おうちでリラックスするときに同じ声だとリラックスにならないのでゆっくり低めの静かな声での褒め言葉が有効です。場面にあった声の表情・表現を作りましょう。

　突然の大声や怒鳴るような声の表情・顔の表情は、犬たちはびっくりしたり怯えたりしてその人を警戒するようになりますから、自分が発する声の表情を今以上に意識しましょう。

　トレーニングのコマンド（号令）でもイタズラを注意するときでも、普通に話しかける感じで十分伝わります。

◆ おやつを使うともっと有効

褒め言葉に添えるようにおやつを使うと、愛犬には飼い主の褒め言葉がもっと魅力的になります。おやつをあげるタイミングは褒め言葉を言い終わる頃がベスト！（褒め言葉より先におやつをあげないように）

トイレトレーニングや他犬への社会化・他人への社会化・グルーミングに慣らす時は特に有効で、最初はおやつを使いながら、難易度が下がってきたら徐々におやつを抜いて褒め言葉だけにしていきます。

◆ 自分も聞いている

愛犬に褒め言葉を言うとき、一番聞いているのは自分自身です。愛犬を誉めているときは、自分を褒めているのと同じです。愛犬を褒めているとき、身近な人といるときはパートナーや子どもなど家族全員が、カフェなら友人や周囲の人が聞いています。

ポジティブな褒め言葉を発して、その場の雰囲気を明るいものにしていきましょう。そのリーダーシップを握っているのが飼い主です。

愛犬をもっと褒めましょう

犬は褒められて否定することがありません。素直に受け取ります。それは表情や行動に表れています。

では人間はどうでしょうか？ 素直に受け取っていますか？ アメリカ人は褒め言葉の受け取り率が日本人より高く、日本人は謙遜という言葉の元、受け取り下手な傾向があります。

愛犬のことを褒められると「ありがとう」と受け取りやすいのですが、自分のことも褒められたら「ありがとう」と言って受け取ってみましょう。それを継続していくと意識が変わってくるのがわかりますから。

第4章

毎日のお散歩・おやつ・
遊びとおもちゃ
～楽しく・安全に行うために～

23 散歩と散歩でのケア

🐾 散歩の目的

- 早歩きで有酸素運動
- ゆっくり歩いて情緒を育てる
- 場所を選んで体つくり

🐾 散歩はできる限り行く

　小さなチワワもプードルも、どの犬種も散歩に行きましょう。健康体であればお散歩に行かなくていい犬はいません。健康な犬は散歩は自分の足でしっかり歩きます。

　シニア犬や膝や腰の問題を抱えていたら、カートや抱っこで少しの時間でもいいので外に出ましょう。愛犬・飼い主両方のメンタルにいい影響が出る可能性は高いです。

🐾 子犬はこれから生き抜くために

　1才に向けて散歩で体とメンタルを作っていきます。有酸素運動と体つくりはワクチンが終わってからになりますが、情緒・メンタルを育てる散歩は家に来たらすぐに「抱っこ」で始めましょう。おうち周辺の環境（人・他犬・音など）に慣らして安心させてあげてください。

🐾 シニア犬は寿命を伸ばすために

　四肢を動かすことは肉球刺激も含め、脳の活性化につながります。筋肉の維持もプールやバランスボールに通わないのであれば散歩で補います。自力で「食べる・散歩・排泄」のために足腰の筋肉を維持して寝たきりになることを防ぎましょう。散歩の長さは愛犬の体力に合わせて調整しましょう。

🐾 足裏にいろんな刺激を

　土・コンクリート・芝・砂利・砂浜・川のほとりなど危険じゃない場所を歩いて肉球を適度に刺激しましょう。（グレーチングや網目など肉球が挟まりそうな場所は避けましょう）

🐾 坂道

　坂道を選んで足の筋肉強化をしましょう。登りも下りもしっかりと足を使います。同時に飼い主も登り降りをしますから飼い主の健康面にも効果を発揮してくれます。（血圧や筋肉、他）転ぶと危険なのでゆっくり行いましょう。

🐾 熱中症

　暑すぎる時間帯を避けて散歩に行きます。体を冷やす素材の服や小物を使ったり、地面からの熱の影響を受けないために靴を履いたり、散歩途中の水分補給で予防をします。

　子犬とシニア犬は特に注意が必要です。散歩時間を短めにしたり、水分補給をこまめにしたり、いつもと様子が違うと思ったら散歩を切り上げましょう。

🐾 散歩でコミュニケーション

　名前を呼んだり「風が気持ちいいね」「花が綺麗ね」など語りかけたり、愛犬も「楽しいね」って目で語りかけることもあります。楽しい・嬉しい・ビックリした・いい香り・美味しいなど、共通の体験を増やして思い出を積み重ねることも情緒を育てると同時に信頼関係も深めるでしょう。

　また、街中でシニア世代や子ども達と触れ合うことは、人も犬もどちらの情緒も豊かにしてくれます。

24 おやつ：味覚

🐾 おやつは犬達にとって楽しみの1つ

　おやつは犬が食べてはいけない食材を除いて、安全性の高いもの・添加物を加えていないもの・無農薬のものを素材そのままであげられれば最高です。お肉系・お魚系・お野菜系の素材をそのまま乾燥させたものも良いですし、素材を自宅で湯がいたものはおやつにもご飯にもなります。

　人間も頑張ろうと思った時や疲れた時に"おやつ"があると、もう一踏ん張りできたり気持ちが明るくなったりしますから愛犬にもそんな気分転換があっても良いと思います。ただし、肥満にならないよう量には注意してください。

　もう1つ、おやつの使い方として褒め言葉を強化するためのおやつ、勇気づけのおやつ、行動強化のおやつがあります。

慣らすためのおやつの使い方〈社会化〉

🐾 おやつのメリット

◆ 美味しい＝嬉しい・脳が「快」の状態になる

　嫌な刺激（例えば犬に吠えられた）があると脳は不快に感じますが、大好きなおやつ（美味しい・嬉しい）を食べると脳は快に感じます。嫌な刺激の強さよりも魅力的なおやつを口にすることで不快と感じる脳を快に転換していきます。

※子犬はまだ真っ白な状態ですから、嫌な刺激（吠えられる・マウントされる）で脳が不快（他犬嫌い）にならないよう、犬を見たらおやつ、近づいてきたらおやつというように、子犬がそれを見たらおやつをあげる社会化をします。

◆ 犬のモチベーションが上がり、勇気と根気を引き出す

　写真を撮られすぎて面倒になったとき、ドッグスポーツを頑張るとき、飼い主に付き合ってあちこちへお供して疲れたとき、大好きなおやつを食べることで気分が上がり、さらにおやつをあげることでもう少し頑張ろうという気持ちも引き出せます。

◆ 使うことでストレスの度合いがわかる

　ストレスが強いと大好きなおやつも食べられません。愛犬が怖がっている・避けている・震えている時におやつを口元に持っていき、食べられる時はまだ余裕があります。食べられない時は今愛犬に相当ストレスがかかっているとわかります。

◆ 一瞬で無くなるので連続して使える

　おやつを小さくしておけば、ゴクっと飲み込んですぐに次のおやつで慣らしていけます。犬達は小さいおやつより大きいおやつの方が好きですが、小さいおやつも数を合わせると大きいおやつより魅力的なこともあります。

◆ おやつで褒め言葉を強化

　犬は脳の中で関連付けて学習します。

　褒め言葉を発すると同時に小さいおやつを愛犬の口の中に入れます。これを繰り返すと「褒め言葉」＝「美味しい・嬉しい」と脳の状態が「快」になりますから、繰り返すうちに「褒め言葉＝脳が快」と覚えます。褒め言葉だけでも良いんじゃないかと思われがちですが、おやつがあると覚えが早いです。そして褒め言葉が定着してくると褒め言葉だけで脳が快になりますから、そうなったらおやつは無くしていけます。

　例えば、おすわりを教える過程

　①犬のお尻が床についた瞬間に「おすわり」と言います。これを繰り返していると

　②「おすわり」と言ったら座るようになります。：行動と言葉の結びつけ

　そして③「おすわり」と言って座ったら（お尻が床についた瞬間）、褒め言葉「良い子」と言うのと同時におやつを口の中に入れます。（お尻は床についたまま＝おすわりの姿勢のまま）：言葉と行動の結びつけと肯定

「褒め言葉とおやつ」という組み合わせで「人が言ったコマンド（司令）を上手にできた」と肯定することになります。

　おやつを使うと覚えが早いですし、褒め言葉と同時におやつを使って安定してくるとおやつは徐々に抜いていけます。

◆　1回のおやつの量＝大きさ

基本はドッグフード1つ分の大きさです。大きめのおやつもこの大きさにカットすることで、たくさん使ってたくさん練習をして慣らしていきます。

◆　おやつの種類

5～6種類あると便利です。ドッグフードも含めて野菜系、ジャーキー、ささみ、牛、チーズなど愛犬の大好きなものを調べてみてください。飼い主の「好きだろう」ではなく、愛犬が本当に好きなものを知りましょう。

◆　おやつのランキング

上記のようなおやつをドッグフードと同じ大きさにカットし、一列に並べます。並べ終わったら愛犬を離します。犬は一番好きなものから食べる傾向がありますので、食べ始めた順番から好きなもの1・2・3位とわかります。これには個体差もあり、その時の気分で好きなおやつが変わることもあります。おやつを使う時はランクの下位から使い、難しい事柄やストレスがかかる場合はランク上位のものを使います。

◆　使うタイミング

1　犬と仲良くしたいとき

2　慣らしたいとき（社会化）

3　ストレスの軽減

4　レベルアップしたいとき（トレーニングなど）

◆ おやつの使い方

最初は、慣らしたい対象物（人・犬・物など）を「見た瞬間」におやつをあげます。

1 他犬に慣らしたいときは、愛犬が犬を見て反応していなかったらおやつを口に入れます。（吠えた時におやつをあげると吠えることが強化されます）

2 おやつを食べられないときは、今かかっている怖さやストレスとおやつのレベルがあっていないので、おやつのレベルを上げてランキング上位のものをあげましょう。

※おやつの匂いで他犬が近寄ってくる可能性もありますから、ある程度の距離をとって行います。
　人に対して慣らす場合も同じです。
　犬好きの人だと近寄ってくる可能性がありますから、ある程度の距離を保って社会化をします。

3 他犬や他人、環境において何らかのストレスを感じて震える・尻尾が下がるなどストレスサインを出している場合、まずはストレスの原因から離れて、おやつランキング上位のものを口の中に入れてあげます。

※ストレスサインが下痢など胃腸に影響しやすいタイプはおやつの種類を変えて愛犬に合うものを見つけましょう。

社会化は、褒めて育てるインストラクターに指導してもらいましょう。

肥満は人間も太ると膝や足首・股関節に影響しますが、犬も四肢への影響が大きいです。日本の犬は大型犬なら股関節形成不全、小型犬なら膝蓋骨脱臼の遺伝疾患があります。痛みを伴いますから太ることで負荷をかけないように飼い主が気をつけましょう。

25 遊びとおもちゃ

おもちゃで遊ぶことは、脳の発達・顎の発達。エネルギーの発散には欠かせません。たくさんのおもちゃが販売されていますが、可愛いよりも安全性が高いものを選びましょう。

🐾 代表的なおもちゃ

コング、歯磨きロープ、歯磨きおもちゃ、犬用ボール、犬用輪っか、安全な木のおもちゃなど。

🐾 ひとり遊び

転がしたり、くわえたり、かじったりできると、一人で集中してくれます。愛犬がひとり遊びをしているとき、飼い主は目を離すことも多いので、コング・歯磨きロープ・歯磨きおもちゃなど安全性の高いおもちゃを与えます。完全に一人になるお留守番などはコングにおやつやフードを詰めて遊んでもらいましょう。

コング

歯磨きおもちゃ

歯磨きロープ

ぬいぐるみなど中に綿が使われているもの、糸やボタンなど飲み込めるものがついていると誤飲につながります。

🐾 飼い主と一緒に遊ぶ

ボール投げや引っ張りっこは犬たちも大好きな遊びです。ボールやフリスビーがわりの輪っかのおもちゃは一人遊び用ではなく、飼い主と一緒に遊ぶおもちゃです。噛んでも壊れにくい犬用を使います。愛犬に合わせて大きさや硬さなど選びましょう。

🐾 犬同士で遊ぶ

同居犬やお友達との遊びも楽しいですが、何がきっかけで喧嘩になるかわかりません。犬同士遊ぶときは飼い主は目を離さないようにしてください。

戦わずして勝つ

　「孫子の兵法」はメディアやドラマでも取り上げられ、書籍もたくさんあるのでご存知の方も多いと思います。この思想は「戦わずして勝つ」がテーマですが、人とペットにも当てはめられると思います。数年前までは「競い合って勝つ」ことをしてきた時代でしたが、これからは「繋がり合って共に生きる」時代にシフトしつつありますから「怒らずして共生」「しつけと言う名の体罰せずして共生」「殺処分せずして共生」の平和な世界になることを誰もが望むのではないでしょうか。

　そうなるために第2の思想「現実をよく観察する」という考えは、共生しているペットを観察することで「戦わずして勝つ：怒らずに共生」が可能になる考え方だと思います。

　社会化は愛犬と取り巻く環境をよく観察して、どんなことが起こるか、防ぐには何をしたらいいかを考えて行動します。

　社会化をしなくていい犬はいません。社会化は、「大難を小難」に「小難を無難」にしていくツールでもあり、これは神頼みではなく、飼い主の意識と社会化の仕方・ドッグケアの仕方をどれだけ自分の普段の行動に取り入れるかです。

　それにプラスして、愛犬の脳をいかに快にできるかです。

　マッサージなんて・アロマなんて・社会化なんてしなくても…と言う人がいるのも知っていますが、実際は犬との共生に大きな役割を果たしています。

　問題行動となる前に社会化をする、五感を心地よく刺激して脳を快にする、その方法はマッサージやアロマなど触覚・嗅覚・視覚・聴覚・味覚なんだと頭の片隅に入れておいてください。

Special thanks

ご提供いただいた皆様に感謝！ ここに御礼申し上げます

掲載させていただいたワンちゃんのお名前

第1章
愛犬への毎日の健康管理 ～犬の基本を知っておきましょう～

華丸、らぴ、茶々丸、愛、モモ、ポポ、ココ、えのき、ニック、クロ、リュン

第2章
愛犬のためのお手入れ ～グルーミング～

ルナ、りん、くるみ、ルイ、ソラ、レム、加加阿、ペコラ、マックス、クウ、エアル、
ベル、アンジュ、ベル、セバスチャン、茶々、タルト＆ノワ、マロン、ジュリア

第3章
愛犬の心身の健康を保つためにやってあげられること ～スペシャルケア～

あず、おと、ラパン、飛鳥、雪丸、けまり、あんず、れく、ゴン太、もも、カイト、
こまち、もるん、ウル、ポン、諭吉、フラン、おまめ、まろ、もち、茶々丸、
Pono、ぽん太、どんぐり、マメ、ソラ、あい、ルイ、ティム、とろろ、よもぎ、
まめ、桜、きなこ、凛助、あんず、神美夢、Kuromame・Yuki、ラルフ

第4章
毎日のお散歩・おやつ・遊びとおもちゃ ～楽しく・安全に行うために～

おうじろう、バロン、デイジー、ハンナ、ポフ、モアナ、
モコ、もこ、こはく、おと、ぽたろう、蘭・丸、きなこ

随所に登場
トワ、なつ

　サロンでできるシャンプーや爪切りはおうちでしなくてもなんとかなりますが、日々必要となるブラッシングや歯磨きはおうちでしないと愛犬が大変なことになるのは容易に想像がつくと思います。

　そして愛犬を撫でない飼い主はいません。その撫でる行動にコミュニケーションマッサージSASURUを意識して取り入れると、飼い主の手がゴッドハンドに変わることがあります。

　飼っていなくても犬好きな人は、幼稚園児でもシニアでも年齢関係なく撫でたくて声をかけますから、その時に「こんな感じで触ってね」と伝えると愛犬も触る人もその光景を見ている人も幸せな気持ちになれます。（動物介在活動もこれに通ずるものがあります）そしてそれを伝えることで愛を広めることもできるのです。

　また、褒めると人も犬も脳が喜びます。嬉しそうに褒めると更に喜びがUPします。グルーミングも五感ケアもちょっと意識と行動を変えるだけでコミュニケーションの質がグッと良くなり愛情が深まります。

　愛犬との生活の中にこの書籍を取り入れていってくださいね。

　この書籍の出版にあたり、株式会社メイツユニバーサルコンテンツの皆様、有限会社イー・プランニングの須賀様、デザイナー様、原稿協力・写真協力をいただいた皆様、ありがとうございます。

　人と犬の関係は素晴らしい世界です。
　皆さんの愛情がしっかり愛犬に伝わりますように 🐾
　愛犬と共に幸せを重ねていきますように 🐾
　そして五感ドッグケアが広がりますように 🐾

　　　　　　　　　　　　　　　　　　　　奥田香代

監修者　奥田 香代 （おくだ かよ）

一般社団法人HCP代表理事、学校法人名古屋自由学院監事

名古屋芸術大学卒業。2000年に1匹のパピヨンと出会って褒めてしつける方法を学び、2006年にしつけIR＆シッターとして独立。その後犬の幼稚園を経営し、愛犬の調子が悪くなると飼い主のメンタル・体調に影響が大きく、また飼い主が体調を崩すと愛犬がそれを受け取るため愛犬への影響が大きくなることに気づき、犬の健康を通して飼い主をサポートしようとホリスティックな学びを実践し各種セラピストとなる。そして、講座で教えることで学んだ人がまた他の人に教えて…と愛犬も飼い主も心身ともに元気で長生きの方法を広げたいと飼い主や専門学校で学生に教える道を選ぶ。
現在はフリーになり、対面・オンラインで講師・コーチング・コンサルタントをしている。
愛犬と五感を使ったコミュニケーションがうまくいくと、意識が変わること、それにより今時のリーダーシップが生まれることも伝えている。
ドッグカウンセラー、ペットアロマセラピスト＆IR、K9ハイドロセラピスト＆IR、ペットハーブセラピスト、コミュニケーションマッサージSASURU－IR、シニアドッグケアセラピスト、愛犬救命士、愛玩動物飼養管理士1級、ドッグケアテイカー、家庭犬栄養管理士、動物介在活動講師、心理セラピスト・コーチ、国際理解教育ファシリテーター、アロマテラピーアドバイザー、中高音楽教員
※IR＝インストラクター

［監修書］　『いちばんよくわかる犬種図鑑　日本と世界の350種』（メイツ出版）
　　　　　　『もっとよくわかる犬種図鑑　ミックス犬100種』（メイツ出版）

参考文献　『人は愛することで健康になれる　愛のホルモンオキシトシン』高橋徳著（知道出版）
　　　　　『自律神経を整えてストレスをなくす オキシトシン健康法』高橋徳著（アスコム）
　　　　　『DOG GROOMING BOOK』渡辺まゆみ著（インターズー）
　　　　　「ケイナイン ハイドロセラピー インストラクター テキスト」

【制作スタッフ・協力者】
● 制作プロデュース・編集　有限会社イー・プランニング
● 本文デザイン・DTP　　　村野千草（Bismuth）
● 原稿・写真協力者　　　　ペットナチュラルケアサロンvivione、一般社団法人シンデレラ・ストレッチ協会「愛犬SASURU」
　　　　　　　　　　　　　わんこのトータルケアハウスFelice、ドッグトレーニング＆ホリスティックケアCiel Chien
　　　　　　　　　　　　　石垣島きらりん

愛犬の健康を守る
飼い主のための"犬のお手入れ"の教科書

2024 年 3 月 30 日　第1版・第1刷発行

監　修　　奥田 香代（おくだ かよ）
発行者　　株式会社メイツユニバーサルコンテンツ
　　　　　代表者　大羽 孝志
　　　　　〒102-0093　東京都千代田区平河町一丁目1-8
印　刷　　株式会社厚徳社

◎『メイツ出版』は当社の商標です。

ご意見・ご感想はホームページから承っております。
ウェブサイト　https://www.mates-publishing.co.jp/

企画担当：小此木千恵